朝日新書
Asahi Shinsho 949

宇宙する頭脳

物理学者は世界をどう眺めているのか？

須藤　靖

朝日新聞出版

まえがき

大学院入学から数えて、すでに40年以上物理学をやってきた。おかげで私の知り合いの大多数は物理学者である。そんな環境で過ごしてきた結果として、私の信条、価値観、立ち居振る舞いなどのほとんどは、必ずしも自覚しているわけではないが、物理学関係者のそれらを色濃く反映していると思われる。さらに厄介なことに、私は物理学そのもの以上に、典型的な物理学者の世界観と生き方に強い影響を受け、共感を覚えてしまっている。

私は物理学の中でも特に宇宙物理学を専門としている。そのため、宇宙の果て、時間と空間、過去と未来、を含むこの巨視的な世界はどうなっているのかに強い興味を持っている。そして、それは決して狭い意味での科学研究にとどまらず、宇宙がごく身の回りの生活や社会とどのように連続的につながっているのかという、科学が正解を与えてくれそうにない素朴な疑問へと展開する。

本書は、そのような視点から宇宙について書いた文章15編（東京大学出版会の月刊広報誌『UP』の連載から13編、それ以外から2編）を厳選し、まとめ直したものである。大半はすでに出版した単行本にも収録されているものの、今回すべて、最初に発表した原稿にかなり手を入れて加筆修正した。

本書のタイトルである「宇宙する」という動詞は、私の知る限り、オリジナルな日本語（つまり文法的には正しくない）である。担当編集者が提案したもので、40年以上宇宙に関わる仕事をしてきた私の日常を表現するのにピッタリの語感であり、とても気に入った。

それに続く単語を編集者と議論し、いい加減頭がくらくらしてきた頃に、やっと『宇宙する頭脳』に落ち着いた。とはいえ、このタイトルだけからでは、やはりその内容は想像しがたいであろう。そこで、以下、その概要を紹介しておこう。

まず、本書全体の序章である「今ここにある宇宙とぼくの起源について」で、「ぼくはなぜ今ここに存在しているのだろう?」という素朴な疑問を投げかけておいた（このタイトルは渡辺あや脚本、NHKTVドラマ「今ここにある危機とぼくの好感度について」に触発されたものである）。この問いには、「ぼく」、「なぜ」、「今」、「ここ」という四つの謎が含まれる。しかし、そもそもこの疑問が意味を持っているのか、正直自信はない。常識的に考えれば、これらはすべて偶然の結果に過ぎず、それに答えがあると思い込むほうがおかしいのかもしれない。しかしながら、本書にはその類の問いかけが頻出する。いわば本書の通奏低音とも言える疑問なのである。

『UP』に掲載されたこの文章に対して、植物学者の先生からまさに本質的な批判を受け取った。その主張を要約すれば次の通りである。

「私は自分の存在をなぜ今ここに、と不思議に思ったことがありません。何度読み返しても理解ができませんでした。なぜただの偶然ではいけないのでしょうか。生物が小さい頃から好きで、そのめくるめく多様性を見て育つと、偶然の凄さが自ずとすべての思考の規範のもとになります。そういう身からすると、なぜ偶然を最初から排除したがるのか、そこがわかりません。物理学における一種の宗教的思考法ではないかとやはり思ってしまいます。

実は、昆虫マニアには、進化を否定する人が多いのです。たぶん、地球上もっとも多様化を遂げた昆虫の世界を見てしまうと、ああいった精巧な仕組みを持った不思議な生物が、あれほど多様化するには、偶然による進化は無理だと誤解してしまうのではないでしょうか。

以上のように、そもそも論として私は今回の疑問を共有できなかったこともありますが、本当に答えてみるべきは、なぜ須藤先生が、ただの偶然と思うことをそれほどまでして避けてしまうのか、ではなかったでしょうか？」

これは鋭い指摘であるとともに、少し誤解されている可能性がある。そのため弁明を兼ねて次の内容を返事した。

「私は決して偶然を排するのではなく、逆に偶然を認めた上でその結果としての多様性に起因する必然的な選択効果としてこの宇宙を理解しようとする立場です。一人の人間はたかだか100年の変化しか経験できないため、10億年スケールで起こりうる偶然の積み重ねの結果を想像することは困難です。精緻な昆虫の進化を単なる偶然の蓄積として受け入れられない直感は、そのためでしょう。逆に言えば、そのような進化を成し遂げた種の存在が、その過程で消え去ってしまった大多数の存在を同時に意味していることを認められないためではないでしょうか。

私が（そして物理学者の一部が）この宇宙は不自然だと考えるのもまさに同じかもしれません。だからこそ創造主を持ち出さず無数の宇宙を考えることで、そのなかの無数の偶然の積み重ねの結果として生まれた例の一つが、我々が住むこの宇宙ではないか、という考え方に行き当たるのです。

ただの偶然だと思えばいいだけなのに、という立場を否定するつもりはありません。しかし、偶然が果たした役割を考察することで（正しいかどうかは別として）より基礎的な世界観が得られる可能性もあるでしょう。ある意味では、これはダーウィン的進化論を宇宙に応用したものであり、むしろ生物学者の皆さんの思想とは親和性が高いのではないでしょうか。

とはいえ、この世界観は反証可能ではないので、通常の意味での科学の範疇《はんちゅう》にはありません。したがって、この世界観を他人に押し付けるつもりは毛頭ありません」

強調しておくが、私はこの異なる見解のどちらが正しい、あるいはどちらがより優れているといった主張をしているのではない。まさにこの意見の相違を前提とした上で、個人的に「宇宙する」のが本書の目的だ。そしてその結果はすべて読者の判断（価値観？）に委ねたいと考える。

まずウォーミングアップとなるのが、「第1部　物理学者、この不思議な生き物」である。ここでは、あまり馴染みがないため、一般の方々には誤解と偏見にまみれて映っているであろう物理学者の生態を柔らかなトーンで紹介した。

「第2部　正解のない宇宙の謎を考える」では、序章の問いかけに対応して、マルチバースと人間原理を組み合わせた世界観を紹介することから始めた。またそこでは、宇宙は点からビッグバンによって誕生した、と省略して表現されることが多い標準ビッグバン宇宙モデルに関して、しばしば質問を受ける誤解に（できる範囲で）良心的に回答しておいた。その上で、序章の疑問をより突っ込んで宇宙の5W1Hとしてまとめてみた。ただし、それについては正解を与えるのではなく、あくまであまり語られることがないものの実は深い謎である（と私個人はずっと悩み続けている）点を強調したに過ぎない。

「第3部　物理学者は世界をどう眺めているのか?」は、第1部と同じく、柔らかめの内容である。科学そのものではなく、科学というフィルターを通してみた世界の景色をいくつか例示したものである。その最後にある青木まりこ現象に関する考察から学んだ教訓をまとめた文章は、『UP』に書いた65編の中で3本の指に入る秀作であると自負しているのであるが、個人的に受け取った意見によれば、毀誉《きよ》褒貶《ほうへん》相半ばする、といったところである。今回の読者の皆さんの感想が気になるところだ。

「第4部　常識を超える真面目な宇宙論」では第2部に引き続き、マルチバース的世界観の布教と、それが意味する帰結のさらなる考察を行った。「真面目な」宇宙論という表題

（担当編集者がつけたものである）は、そう明記していないとふざけていると思われるに違いない、という判断に基づいているのだろう。それを否定するだけの根拠はないが、少なくともできる限り科学的で論理的な議論を展開したつもりである。ただしそれを「宇宙論」と呼んでいいのかどうかは自信がない。

この安直な分類の結果として、日々本当に「真面目な宇宙論」に取り組んでいる多くの優れた同僚研究者の方々にご迷惑をおかけすることになりやしまいか懸念される。その意味においては、この表題をより正確に述べるならば「科学的に確立している信頼できる宇宙論からははみ出しているものの、著者自身はいたって真面目に考察した宇宙論のさらなる可能性の一つ」とすべきであることを明記しておきたい。

さて、これらのコンプライアンス的注意事項の数々に了解していただけた方から、順次本文に進んでいただければ幸いである。

デザイン
フロッグキングスタジオ

図版作成
谷口正孝

写真
70、72、179ページ　筆者撮影
82ページ　ESA/Planck Collaboration
136ページ　ESA/Hubble & NASA
139ページ　The Hubble Heritage Team（AURA/STScl/NASA）
235ページ　The Blue Marble. NASA, Apollo 17 Crew

宇宙する頭脳

目次

[第2部]

正解のない宇宙の謎を考える

アインシュタインと歴史のいたずら 125

［第3部］
物理学者は世界をどう眺めているのか？

日常から始める科学的思考法のレッスン　210

[第4部]

常識を超える真面目な宇宙論

この私に自由意志があると信じる(信じたい)理由 263

序　今ここにある宇宙とぼくの起源について

自分がこの宇宙に存在する理由

ぼくはなぜ今ここに存在しているのだろう？

うまく言語化はできなかったものの、この疑問は物心ついた頃からずっと、頭の奥に浮かんでは消えることを繰り返していた。しかし、子供心にも、これはうかつに口に出して尋ねてはいけない類の質問なのではないか、とうっすら気づいていたため、他人に聞いたことはなかった。

今思えばこの判断は正しかった。こんなことに思い悩んで過ごす小学生の将来はかなり暗い。運が悪ければ、哲学者になって毎日悩むだけの苦しい人生を歩んでしまう可能性すらあった。幸いなことに私は物理学者となり、悩みとは無関係の楽しい疑問ばかり考え続けて生きてこられた。

しかし、ついに定年となった今、もはや失うものなど何もない。「ぼくはなぜ今ここに存在しているのだろう?」と大声をあげてキャンパスを走り回ろうと、学内懲戒委員会にかけられて処罰が決定されるまでに1年はかかるであろう。その頃には、無事定年退職し、学内規則に縛られることのない自由な第二の人生を開始しているはずだ。まさかこの民主国家日本において、そのような行為を咎《とが》められて、年金が減額あるいは停止されるはずはないと信じている。

本書では通常おおっぴらには語られることのないこの疑問を皆さんと共有しつつ、一緒に悩んでくれる仲間を開拓してみたい。ちなみに本章(さらには本書)を最後まで読み通してもこの謎に対する答えは得られない。あらかじめご了解いただきたい。

知的文明はなぜごく最近になってやっと誕生したのか

この私は有限の過去に誕生した。そして、これから20年程度経てば、この宇宙から跡形もなく消え去る運命にある。この100年足らずの長さは、宇宙の年齢である138億年のわずか1億分の1以下でしかない。よく考えるとこれは不思議である。

なぜ私を含むこの地球文明は宇宙誕生100年後に生まれていなかったのか、さすがにそれは極端だとしても、なぜ1億年後でも10億年後でもなかったのか。

物理学者は、この手の現象をさして「微調整」と呼び、合理的な説明を要求しがちである。この問題の場合は、しばしば次のように説明される。

誕生直後の宇宙は高温高密度の状態にあるため、冷えたガスが集まって形成される星は生まれえない。宇宙誕生後少なくとも数億年経過し、十分温度が下がって初めて、第1世代の星々（ファーストスターといういささかキャッチーな名前で呼ばれることもある）が形成され始める。

ところで、生命の基本構成要素である有機物には炭素が不可欠である。この炭素は大質量星の中心部で合成され、寿命を終えたあとに爆発した結果、宇宙空間にばらまかれる。それらを原材料として次の世代の星々が生まれる。この過程を繰り返すことで、やがて生命を生み出すために必要な量の炭素（および他の重元素）を持つ星が誕生する。その一連の元素循環過程におけるスピンオフの結果生まれたのが我々なのである。

我々の住む太陽系は今から約46億年前に誕生した。138億年にわたる宇宙の歴史において、約10億年経過して（今から128億年前）以降生まれ続けている無数の星々の中で、100億年前でもなく1億年前でもなく、その真ん中あたりの46億年前に誕生したのであるから、不思議ではなくむしろ平均的と言える。

一方、その後の生物進化に関しては、どの程度の時間スケールが必要なのか、科学的には予言不能である。わかっているのは、この地球に限れば、今から約40億年前に最初の生命が誕生し、今から数十万年前にホモ・サピエンスが誕生し、今から数千年前にそこその文明が誕生した、という歴史的事実だけである。

つまり、理由はともかく、環境（大量の水を持つ岩石惑星）さえ整っていれば原始的な生命は数億年程度で誕生するものの、高度な（？）知的文明を持つだけの生命体への進化には約50億年を要したことになる。

人類の歴史は不自然なほど短い

このように筋道だって説明されると、「ぼくはなぜ今ここに存在しているのだろう？」の答えがわかった気になる方もいらっしゃるかもしれない。しかし、騙されてはならない。次のように少し問い方を変えてみれば、謎は依然として残ったままであることがわかる。

仮に太陽系より50億年早く（つまり、今から約100億年前に）誕生した別の惑星系を想像してみよう。そこでもこの太陽系と同じスピードで生命が誕生・進化したとすれば、今から50億年前には現在の地球と同程度の文明に達しているはずだ。その時点からさらに50億年が経過した現在、そこに存在する文明は、すでに50億年（すなわち、宇宙年齢と同程度）の歴史を持つことになる。

こう考えると、その惑星系で「ぼくはなぜ今ここに存在しているのだろう？」という疑問を発する存在は、平均的には宇宙年齢と同程度となる数十億年の歴史を持っていることが予想される。つまり、我々地球人が、わずか数千年程度のごく短い歴史しか持たないのは極めて不自然なのだ。

そんなことは偶然でしかない、したがって、それを疑問だと騒ぐのは無意味だと考える方もいらっしゃるだろう（むしろ多数派かもしれない）。それを否定するつもりは毛頭ない。しかし、これから1兆年、1京年先の未来の宇宙において、「ぼくはなぜ今ここに存在しているのだろう？」と考える文明（仮にそれが存在しているとすれば）には1兆年、1京年の歴史がある。とすれば、宇宙年齢（約100億年）と知的文明の歴史（約1000年）の間に7桁もの違いがある現在の地球は、やはり不自然だとしか思えない。

繰り返しになるが、138億年という宇宙の歴史の中で、今からわずか数千年前までは、「ぼくはなぜ今ここに存在しているのだろう?」という疑問を発する存在がどこにもいなかったとは信じがたいのである。

この不自然さは、地球が宇宙において知的生命を宿す唯一の場所ではないと認めることで緩和される(ただし、完全に解決されるわけではない)。現在の宇宙のあらゆる場所で、ある割合で(地球人程度の)知的生命体が存在するならば、それらの文明の歴史は、0から100億年にわたって一様に分布しているだろう。地球そのものの不自然さは解消できないものの、宇宙全体で平均すれば、個々の文明の継続時間と宇宙年齢はほぼ同程度となる。

もう一つの解決法は、すべての高度文明は不安定で、あるレベルに達するとすぐに滅亡するという可能性である。その場合、その高度文明の継続時間は常にその時点での宇宙年齢よりもはるかに短くなる(が、よく調べてみるとそこにははるか昔に、現在とは異なる高度文明が栄えていた考古学的証拠が残っているはずだ)。

知的生命体が生まれる奇跡的な確率

この宇宙の全物質の中で、普通の物質(元素)はわずか5%を占めるに過ぎない。それ自体が「宇宙は何からできているか」という難問を投げかける。しかし、さらにこの私（あるいは皆さん）を構成する物質が宇宙のどの程度の割合を占めているかを考えてみると、それどころではない奇跡が見えてくる。

太陽系の全質量は、約10^{30}キログラムである（ほぼ太陽が担っている。以下指数（桁）の部分[1]だけに注目して、その前の係数は気にしないでいただきたい）。

現在の世界の人口は約１００億人（10^{10}人）なので、１人当たりの体重が平均１００キログラムだとすれば現在の人類の総質量は約10^{12}キログラム、つまり太陽系の質量の10^{-18}でしかない。[2] 仮に人類の平均寿命を50年とし、過去１０００年つまり20世代分が現在と同じ人口のままだったとすれば、地球誕生以来の総人類数は２０００億人となる。しかし過去の地球人口がはるかに少なかったことを考えれば、実際にはかなり過大評価だろう。

そこでここでは、太陽系の全物質のうち、かつて人類の体内に取り込まれた経験のある割合を上の推定値を10倍して10^{-17}程度としておこう。さらに、約10^{12}太陽質量である天の川銀河内に、地球以外に知的生命体がいないと仮定すれば、銀河系の全物質の中で知的生命体を構成したことのある割合は10^{-29}程度にまで下がる。[3]

このように、１３８億年の宇宙史において、宇宙空間を循環している元素がこの私（のみならず、皆さん一人一人）を生み出す確率は、奇跡と言うしかないほどの低さである。

言うまでもなく、この私を構成している物質が、「ぼくはなぜ今ここに存在しているのだろう?」と悩むだけの意識を持つ生命体に将来再び取り込まれる可能性は、未来永劫《えいごう》ないだろう。その意味でも、１３８億年どころかそれよりもはるかに長い宇宙的時間スケールにおいて、わずか１００年だけ悩む人生を授けられた我々は奇跡の結晶だと解釈せざるをえない（だからといって、不条理に満ちたこの世界に向けて何らかの具体的行動を起こすように促しているわけではない。くれぐれも誤解なきよう）。

とはいえ、「なぜこの私を創っている元素は、ゴキブリでもなく、石でもなく、宇宙を満たす希薄なガスでもなく、意識を持つ知的生命体となる運命だったのか」などと悩む必要はない（し、悩んではならない）。

確かに、宇宙（ここでは太陽系の場合を考える）を満たす無数の原子から1個をランダムに選べば、それが知的生命体の一部を構成する確率はせいぜい10^{-17}程度でしかない。にもかかわらず、圧倒的な多数派であるその他の物質は意識を伴っていないので、「自分たちは確率的に当たり前の存在である」と納得しながら存在し続けているわけでもない。

逆に言えば、この宇宙において「ぼくはなぜ今ここに存在しているのだろう?」と悩んでいるのは、宇宙のわずか10^{-17}を占めるに過ぎない極めて稀《まれ》な少数派に限られているのだ。

ニューヨークのど真ん中で「日本語がわかる方は立ち止まってください」という日本語の看板を持っているとする。立ち止まってくれた人の割合はごく僅かであるにもかかわらず、その全員が日本語を理解できる。これは何も不思議ではなく、単なる選択効果（あるいは条件付き確率）の結果だ。

これと同じく、「あなたは自分が存在することを不思議だと思いますか」という疑問に答えるだけの知性を伴った物質は、宇宙の全物質の10^{-17}の割合に過ぎないものの、それらの間では「不思議だ」という回答が100％を占める[4]のは極めて当然なのだ。

「この宇宙」の外にも宇宙は広がっている？

「この宇宙」は有限の過去（今から138億年前）に誕生した。これはほぼ間違いない。ただし、講演会でそう述べたが最後、「その前の宇宙は一体どうなっていたのですか」という質問を浴びせかけられる。

通常は「その前には時間も存在しないと考えられるので、[5]質問自体が矛盾しています」と、突き放した回答をしてその場を去ろうとするものの、正直に言えば、その度に後ろめたさを拭いきれない。

というのは、「この宇宙」と「宇宙」とは必ずしも同じではなく、本来は区別すべき異なる概念だからだ。これから本書で繰り返し述べるように、ここでは「この宇宙」を、現在の我々が原理的に観測できる空間領域だと定義しておく。より具体的には、宇宙誕生以来、光が伝わることのできる138億光年を半径とする球内の領域（現在の地平線球）[6]をさす（117ページの図参照）。

言うまでもなく、「この宇宙」の外にも「宇宙」はずっと広がっているが、現在それを直接観測することは不可能だ（いかなる情報も光よりも速く伝わることはないからである）。常識的には、「この宇宙」とそのはるか先にまで広がっている宇宙とが、かけ離れた性質を持っているはずはないが、完全に同じである保証もない。

とすれば、「この宇宙」の先に存在する無数の「あの宇宙」は、ある程度の多様性（最近流行《はや》りのカタカナで言えば、ダイバーシティ・エクイティ&インクルージョン）を示すはずだ。この考察こそ、「この宇宙」が内在する不思議さを緩和する（解決はしない）鍵となる。

なぜ「この宇宙」はこれほど不自然な性質を持つのか

「この宇宙」に関する不自然さは数多いが、[7]ここでは「我々知的生命体が存在する」という事実を取り上げよう。「この宇宙」どころかこの地球においてすら、生命がいかにして誕生したのかは、現代科学が答えることのできない、しかしあまりにも魅力に満ちているため看過できない難問だ。さらに、一旦誕生した生命が意識を持つ知的生命体にまで進化する確率の推定など、手も足も出ない。

そこで開き直ってぐっと単純化して考えよう。ある有限体積の「宇宙」を考え、そこに知的生命体が存在する確率がN分の1だと仮定する。つまり（平均的には）N個の異なる「宇宙」があって初めて知的生命体を持つ「宇宙」が1個存在するという意味である。とすれば、我々が住む「この宇宙」に知的生命体が存在するという事実から逆に、知的生命体が存在しない「あの宇宙」がN個以上存在すると予想できる。

もしもNが100億だと仮定すれば（しつこいようだが、この数値には何ら科学的根拠はなく、単なる例でしかない）、我々が存在するという事実から、知的生命体が存在しないむしろ普通と言うべき「あの宇宙」が（100億－1）個以上存在することになる。

実際には誰もこのNの値を知らないのだが、現代科学のレベルでは生命の起源を未だ説明できないという事実から、Nはかなり大きな数であると予想される。これを認めてもらえるならば、なぜ「この宇宙」に知的生命体が存在するのかは理解できずとも、「この宇宙」がそれ以外の大多数の（つまり平均的な）「あの宇宙」に比べてかけ離れた性質を持っていることもまた容易に想像できる。そうでなければ、知的生命体という奇跡的な存在が生まれるわけがないからだ。

そして、知的生命体が存在しない「あの宇宙」には、自分の住む「宇宙」の性質が極めて平均的だと心から納得してくれる知性は存在していない。仮に、全宇宙でアンケートを取ったならば、回答率は極めて低いものの（上述のN分の1となるはず）、受け取った回答にはすべて「我々の住む宇宙は不自然である」と書かれているに違いない。

つまり、知的生命体を宿すような例外的な「宇宙」においてのみ、その住人が「なぜこの宇宙はこれほど不自然な性質を持つのだろう」と悩む運命にあるわけだ。

宇宙が誕生する前はどうなっていたのか？

おわかりのように、ここで展開された理屈は上述の「この宇宙においてこの私が存在する謎」と全く同じだ。このように、宇宙の謎を人間が存在する謎と結びつけて、何かわかった気にさせてくれるのが「人間原理」であり、その前提となるのが「宇宙」が無数に存在するという「マルチバース仮説」である。人間原理やマルチバースについては、本書で追い追いさらに詳しく説明していく。

この世界観に立てば、「今から138億年以前の宇宙は一体どうなっていたのですか」に対する私の個人的回答は、以下のようになる。

「この宇宙」は今から138億年前に誕生したので、それ以前には存在しません。しかし、「この宇宙」を生む元となった「親宇宙」ならば、それ以前にも存在しているかもしれません。それどころか、その「親宇宙」から「この宇宙」とは異なる性質を持つ無数の「あの宇宙」が次々と誕生した可能性もまた否定できません。

それらは決して直接観測し検証することはできませんが、「この宇宙」の今を起点として、1兆年前、1京年前に誕生したものから、逆に1兆年先、1京年先に誕生するであろう「子宇宙」、「孫宇宙」……まで、ありとあらゆる多様性を持っていると考えるほうが自然です。そしてその「親宇宙」もまた、さらに「親親宇宙」、「親親親宇宙」……と続く無数の階層の中の一階層に過ぎないものと考えられます。合掌。

この個人的回答に賛同してもらえるとまでは思わないが[8]、宇宙におけるすべての天体の存在を相対化してきたのが現代宇宙論の歴史であることを思い起こせば、「この私」そして「この宇宙」の存在もまた相対化されるべきではあるまいか。

この個人的回答にそこはかとない共感を覚えていただいた方は、本書を読み進めるうちに、その共感が除々に確信に近づくはずである。逆に、納得できないと思われた方であろうと、以下の詳しい説明を繰り返し読めば、少なくとも私の言いたいことは理解してもらえるはずだ。そしてその中から賛同者に転向する読者が現れたとすれば、筆者として望外の喜びである。

[1] **指数表記**：10^{30}=1000000000000000000000000000000. 10^{n}（10のn乗）は、1のあとに0がn個続いた数である。

[2] **負の指数表記**：100キログラム×100億人÷10^{30}キログラム=10^{-18}=0.000000000000000001, すなわち小数点以下0が17個続いたあとに1で終わる。

[3] **知的生命体を持つ惑星の数**：ただし、この銀河系内で太陽系以外に知的生命体を持つ惑星系がないという仮定が正しいとは限らない。むしろ、不自然かもしれない。

[4] **幸せな人生を送っている人の割合**：ここまで読み進めてくれた読者の皆さんならば、「この宇宙に自分

が存在している事実」がどれだけ奇跡的で不自然なことなのか、異論はないだろう。一方で、この類の文章（あるいは一部の哲学書）に触れたことのない大多数の方々は、自分の存在を不思議などと考えたことはないかもしれない。とすれば、不思議だと回答する人の割合は100%を大幅に下回るのかもしれない。さらに、そんなくだらないことに悩まない人生のほうがはるかに幸せであろうことは認めざるをえない（本当はうらやましい）。

[5] **自信はない**：「時間も存在しないと考えられるので」という表現には、私の科学者としての良心がにじみ出ていることを強調しておこう。時間の誕生を記述する物理学は確立していない。したがって、あくまで「現在知られている物理法則が過去にもそのまま正しいと仮定すれば、その先には時間が存在しない時刻に行き着くと考えられる」と主張しているに過ぎない。より正確には、「その時刻（付近）では、既知の物理法則が適用できなくなるので、時間が云々という科学的議論は現時点では困難だ」と言うべきかもしれない。

[6] **1光年**：光の速度で1年間進む距離。具体的に計算したところでスッキリするわけでもないだろうが、一応その数値は約10兆キロメートルである。

[7] **この宇宙の不自然さ**：須藤靖『不自然な宇宙――宇宙はひとつだけなのか？』（講談社ブルーバックス、2019年）、『ものの大きさ――自然の階層・宇宙の階層（第2版）』（東京大学出版会、2021年）。

[8] **GPT-4に聞いてみた**：私の個人的回答だけを掲載することにコンプライアンス的不安を覚えた担当編集者から「ChatGPTの回答はどうなのでしょうね？」というコメントをいただいた。そこで、GPT-4のアカウントを持っている知り合いに頼んで聞いてもらったところ（聞くという表現には、G

PT－4を人間と同列においている私の価値観が表れている）、以下の回答を得た。

「現在の科学的理解によれば、宇宙は約138億年前にビッグバンと呼ばれる大爆発で始まったと考えられています。ビッグバンの前に宇宙がどのような状態であったのか、または『何があったのか』については、正確な答えはまだわかっていません。ビッグバン以前の状態やそれを引き起こした原因については、様々な理論や仮説が提案されていますが、これにはまだ確固とした証拠は得られていません。一部の理論では、宇宙はサイクリック（周期的）に拡大と収縮を繰り返しているとされ、ビッグバンはそのサイクルの一環として発生したと考えられています。他の理論では、ビッグバンは多元宇宙の中の一つの『バブル』として発生したとされています。しかしながら、ビッグバン以前の宇宙の状態や性質についての確定的な答えは、現在のところ存在しないと言えます」

うーん、私の回答よりもずっと明快で正確やないかい！　GPT－4畏るべし（すでに無事定年を迎えることができて本当によかった）。ついでに、本稿の発端である質問「ぼくはなぜ今ここに存在しているのだろう？」には次のように教えていただいた（この表現は、GPT－4を自分よりも上の存在であると認めざるをえなくなった私の価値観がにじみ出ている）。

「この質問は、科学的、哲学的、宗教的、文化的な観点から多様な答えが考えられます。**科学的観点**：進化の結果として、私たちは地球上の生命の中で現代人として存在しています。生命の起源、細胞の進化、多細胞生物の出現、そして最終的にヒトの進化という一連の過程を経て、あなたはここに存在しています。**哲学的観点**：存在の意味や目的についての答えは人それぞれ異なります。一部の哲学者は、人は自分自身の意味や目的を見つけ出すために存在すると考えます。**宗教的観点**：多くの宗教には、人間の存在や目的に関する教えが含まれています。例えば、ある宗教では神の意志によって人は存在しているとされ、別の宗教では再生や業の循環の中での人の役割が説明されている場合があります。

文化的観点：社会や文化は、個人の存在の意味や目的を形成する上で重要な役割を果たしています。家族、友人、職業など、あなたの周囲の環境やコミュニティは、あなたの存在の意味を定義する要因の一部となっているかもしれません」

ぐうの音も出ません……。

第 1 部

物理学者、この不思議な生き物

身の回りに物理学者の知り合いはいるだろうか。2020年時点で、日本物理学会の会員は約1万6000人。約半数が大学に所属する教員で、それ以外には、学生が15%、公的研究機関に12%、民間企業に10%、という内訳となっている。

仮にこの物理学会会員を（狭い意味での）物理学者だとみなせば、日本国民8000人当たり物理学者は1人しかいないことになる。言い換えれば、かなり珍しい人々だ。

そのため、世間には物理学者に対する数多くの偏見と盛られ過ぎた期待が満ちあふれている。そこで、まずは物理学者とはどんな人々なのか、その生態を淡々と紹介することから始めたい。

人生で大切なことはすべて相対論から学んだ

一般が特殊で、特殊が一般？

物理屋はアインシュタインの一般相対性理論をさして、一般相対論、あるいは単に相対論と呼ぶことが多い。専門家以外の一般の方々の場合、相対論と聞くとむしろ特殊相対論を思い浮かべるかもしれないが、特殊な人々は一般相対論を思い浮かべるというねじれた構図となっている。

相対論は、物理法則を記述する方程式はどのような座標系を用いて書いても同じ形になることを保証するという一般相対性原理が出発点だ。こう聞くと何やら難しそうであるが、次のように言い換えてみるとどうだろう。

物事の善悪、真偽、○×などあらゆる物事には絶対的な基準は存在せず、あくまでそれらを取りまく環境との相対的な関係によって決まるからこそ、人によって判断が異なるのだ、と。にわかに深い人生訓の様相を帯び、すっと腑に落ちてこないだろうか。

今回はこの観点から、世の中は一般に相対論で満ちあふれているという私の日頃の主張を思いっきり展開してみたい。

僕と彼の相対性

実は私は今、この文章を韓国金浦《キンポ》空港待合室で書いている。韓国に旅行されたことのある方はご存じであろうが、韓国では食事の際、お箸とスプーンが必ずセットで出てくる。またほとんどの場合、熱々のご飯が金属の器に入って提供される。そのため、お茶碗は必ず手に持って食べるようにと厳しくしつけられてきた我々年配の日本人は必ずやけどをしてしまう。一方で、「犬食い」をすることの多い昨今の日本の若者は何も疑問を感じることなく、本場の韓国料理を熱々の白米とともに思う存分堪能できてしまうのだ。

無論これには理由がある。日本では、人間には手があるのだから食事をするときには器の類を手で口元まで近づけて食べるべきであると考える。当然、手で持ってもやけどしないように、茶碗に熱伝導率の高い材質（つまり金属）が用いられることはない。

一方韓国では、食事の際に器を手に持つ動作はあたかも物乞いをしているように思われるために、悪いマナーであるとされる。したがって、ご飯の器を手で持てないように意図的に金属を用いることで、そのような不心得者をなくしているわけだ。同様に、汁物もまたお碗の端に口をつけて飲むことはご法度《はっと》であり、スプーンが必須となる。深い文化を背景とした極めて科学的かつ合理的システムなのだ。

と頭で理解はしていても、長年の習性はすぐには直らない。私は韓国で何度も無意識のうちにご飯の器を手に持ってしまい、アチーと叫んでは同じテーブルに着席していた韓国の先生方に「教養の低い日本人」というレッテルを貼られ白い目で眺められる羽目になる。

逆に、日本ではいつも犬食いはやめろと親に注意されてばかりいる我が愛娘こそむしろ、韓国ではしつけの行き届いた日本人という名声をほしいままにし、未来の日韓関係に大きな役割が期待されてしまう。[1] 韓国を修学旅行先に選ぶ日本の高校が増えている理由もまさにここにあるのだろう。

というわけで、列をなして羽田行き飛行機の搭乗を待っている神奈川県某高校の修学旅行生の団体が目の前にいる。2人で談笑中の男子高校生のところに、何やら女子高校生3

人組が近づいて話しかけた。どうやら記念撮影をしたいらしい。

男子の1人が3人組からデジカメを渡され、もう1人の男子高校生と女子3人とが一緒の写真を撮らされている。そのたびに、「あー、変な顔しちゃったからやり直して」、「もっとこっちの角度から写してよ」と厳しい注文が飛ぶ。やっと撮影が終わったので、今度は交代して、撮影役であった男子と3人組女子の4人の写真撮影となるのかな、とばかり思っていたところ、「じゃーねー」、「修学旅行のいい思い出になったよね」などと言いながら3人組は速やかに立ち去ったのだった。

衝撃であった。私の目にはその男子高校生2人の容姿にこれといった差異は見出せない。にもかかわらず、3人組にとっては相対的な違いが明確であったのであろう。

撮影役だけを押し付けられいいように使われたあげく一顧だにされず終わった片方の男子高校生が受けた精神的苦痛を考えると目頭が熱くなる。

ふと50年以上前の自分は幸せな高校生だったのか、気になってきた。

日本語の相対性

相対的と言えば、日本人はそもそも相手の立場に立って相対的な思考ができる国民である。下に弟や妹がいる男子は、親からも「お兄ちゃん」と呼ばれる。やがて自分に子供が生まれると妻から「お父さん」、さらに孫ができると妻からも子供からも「おじいちゃん」と呼ばれるようになる。

意を汲んで無理やり英語に訳すならばそれぞれelder brother of your younger brother, father of our children, grandfather of your grandchildrenとなるはずだから、名称の原点となる基準点が時々刻々変化していることがよくわかる。これは自分の立場の変化に応じて、基準となる座標系の選び方の任意性を保証する一般相対性原理が日本人に理解されている証拠である。

英語では、子供ができようが孫ができようが、それとは無関係に奥さんからはファーストネームで呼ばれるのが普通だ。これはいわば常に同じ絶対座標系を使い続けているようなもので、物理学的には好ましくない。

とりわけこの思考法の違いは、日本人が最も不得意とする否定疑問文に対する答え方の場合に顕著となる。Do you like～と聞かれようがDon't you like～と聞かれようがそれには全くおかまいなく、自分が好きならYes、嫌いならNoと答えるような硬直した言語を用いて思考する人々が、相対論マインドを身につけることは容易でなかろう。[2]

英語においては明確な自己主張こそ絶対的であり、質問者の意図との相対的関係など気にしない。この意味において、日本語は相対論と親和性の高い言語なのである。

○と×の相対性

日本語と英語の違いに限らず、暗黙のうちに記号に付与されている意味もまた国によって異なっている。今から30年以上前にアメリカの某会議で講演をしたときのこと。当時知られていた宇宙論的観測データを、異なる理論仮説がそれぞれどの程度うまく再現できるかについて○△×の表を作成して説明した。

なかなかわかりやすい表であると一人悦に入りながら話していた私に、「○と×はどちらが観測事実を説明できるという意味なのか」と質問された。[3] そもそも何を聞かれているのかすら、すぐには理解できなかった。日本人にとって、○は正解、×は不正解というのは全く自明のお約束である。しかし、この約束は決して国際的に通用する絶対的取り決めではなかったのだ。

その後の私的調査の結果によると、中国、イタリア、フランス、アメリカでは、正解は✓、完全な不正解は×が普通とのこと。[4] もし○がついているとその解答はどこかおかしいぞという意味を持つらしい。ロシアでは、正解には何もつけず、不正解には×あるいは下線を引く。ドイツでは正解に✓、不正解に下線をつけることもあるが、それぞれ小さくr(richtig)、f(falsch)と書き込む先生が多いらしい。[5]

考えてみれば、記号はあくまで相対的な取り決めの下で意味が付与されているに過ぎないことは自明である。[6]自分が何の根拠もなく抱いていた絶対的世界観がもろくも崩れ去ったことを実感するとともに、自分の人生において相対性原理の重要性を痛感した瞬間であった。

ダークマター観測の相対性

ここまで読み進めてきた皆さんは、すでに相対論の真髄を会得したはずである。というわけで、ここからいよいよ本論を展開したいので覚悟していただきたい。

天文学とは、夜空を覆う闇の中で光り輝く天体だけを観測し研究する学問だと思われているだろう。[7]もちろん闇の存在は本質的であり、それなしに天体を観測することはほぼ不可能である。[8]

しかしながら、夜な夜な観測に励む天文学者が光り輝く天体を観測し宇宙の果てを見通

現在の宇宙の組成

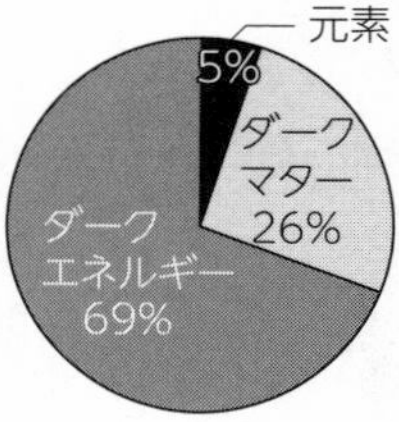

すことによって得た驚くべき結論は、宇宙の大半が光を発することのない暗黒成分によって占められていることであった。宇宙の全エネルギー密度のうち、約7割がダークエネルギー（宇宙定数とほぼ同じ意味）、4分の1がダークマター、残ったわずか5％弱が通常の元素であるとされている。「見えているもの」だけがすべてではなかったのである。それどころか、宇宙の大半は「見えないもの」からなっているのだ。

　そこでまず「ものを見る」ことができる理由を考えてみよう。「夜空の星を見る」場合、我々は空の明るさの場所ごとの違いを見ている。その結果、大半の暗い場所には何もなく、明るい場所にこそ何かがあると解釈する。その無数の小さな領域で光っている何ものかを「星」と呼んでいるわけだが、これはあくまで相対的な比較に過ぎない。

　論理的には、実は明るい領域には何もなく、暗い領域にこそ何かが満ちており背後の光を遮っている可能性も否定できまい[9]。つまりここでもまた「相対的」な違いこそが本質なのであり、「見えない＝《イコール》存在しない」という図式は単純過ぎる。

　星の大集団である銀河の外縁部は光を発していないにもかかわらず、銀河の質量の大半はまさにその暗い領域にある何ものかが担っていることが知られている。そこに存在している正体不明の物質をダークマターと呼ぶ。ただし、自ら光は発せずとも万有引力（重力）は働くから、周りに存在する光る天体の運動には観測可能な影響を及ぼす。

ダークマターの存在は、このようにその周辺の星や銀河の運動の正確な解析を通じて突き止められた。ダークマターがない場所とある場所では、輝く天体は異なる運動をする。その意味において、ダークマターの存在もまた、つまるところ相対的な観測によって発見されたものなのだ。

ダークエネルギーと真空の相対性

ではさらに突きつめて「宇宙全体を完全に一様に満たしているような成分があった場合、果たしてその存在を知ることは可能なのか」という問いを考えてみたい。

これは、「ものを見る」という行為は所詮《しょせん》相対的でしかありえないのか、あるいは逆に絶対的観測もまた可能なのか、という厄介な難問に他ならない。「真空は本当にからっぽなのか」といういささか扇情的な言い換えをしてもよい。

しかしこれは単なる哲学的な問いなのではなく、宇宙を一様に満たしているダークエネルギーの存在という、20世紀天文学の驚愕すべき発見[10]がなぜ可能となったのか、という疑問そのものなのである。

哲学者の小林康夫氏は、「かつて坂本龍一氏と対談した際に、アフリカの草原があまりにも静かだったので、その『静けさ』[11]を録音したところ、録音機械の音しか入っていなかったという話を聞いた」と書いている。それを読んで思わず、なるほどこれだ、と共感したことを思い出す。

同様のことは、「真の暗闇を写真に撮影したところ何も写らなかった」、「酔っ払って帰宅したところ、酒臭いから近づくなと家族に怒られた」、「駐車違反や言うけど何で私だけ罰金払わんとあかんの。おんなじことやっとる人がなんぼでもおるやんか」など応用範囲が広い[12]。まさにこれらこそ、世の中が一般に絶対的ではなく相対的なもので動いていることを思わせる例である。

宇宙における一様な成分の認識可能性に対する哲学的な考察はさておき、宇宙がそのようなダークエネルギーによって満たされていることはほぼ確立した事実である。しかしこれとても絶対的な測定に基づいているわけではない。現在、数十億年前、138億年前などの異なる時刻における宇宙膨張の観測データを相互比較することで、空間的ではなく、時間軸に沿った違いを見ているのである。この意味では、ダークエネルギーの存在もまた相対的な観測に基づいた結論なのだ。

それにしても宇宙空間を一様に満たしている絶対的な存在が宇宙の力学に影響を及ぼすかどうかは、考えてみると決して自明ではない。我々の身近な現象だけからはダークエネルギーの存在を知ることはできないし、ニュートン力学ではそのような絶対的な存在は観測できる影響を及ぼさないことになっているからだ。

しかし、一般相対論によれば、宇宙を一様に満たすダークエネルギーの有無は宇宙の進化に観測可能どころか甚大な影響を及ぼすことが示される。「相対」論によって「絶対」的存在がわかるというのは皮肉である。やっぱり世の中は一般ニ相対論。

コラム

特殊相対論と一般相対論

特殊相対論は、光速に近い速度で運動する物体の運動を記述できるようにニュートン力学を発展させた理論で、アインシュタインが１９０５年に発表した。例えば、光速で運動している物体にとって時間はゆっくり進むように、時間と空間とは絶対的な概念ではなく、観測者ごとに異なっている相対的な概念であることが示される。

一般相対論は、さらにそれを発展させて、重力が時空の歪みの結果として理解できることを示したさらに画期的な理論で、１９１６年に完成した。[13]

特殊相対論による時間の進みの相対性

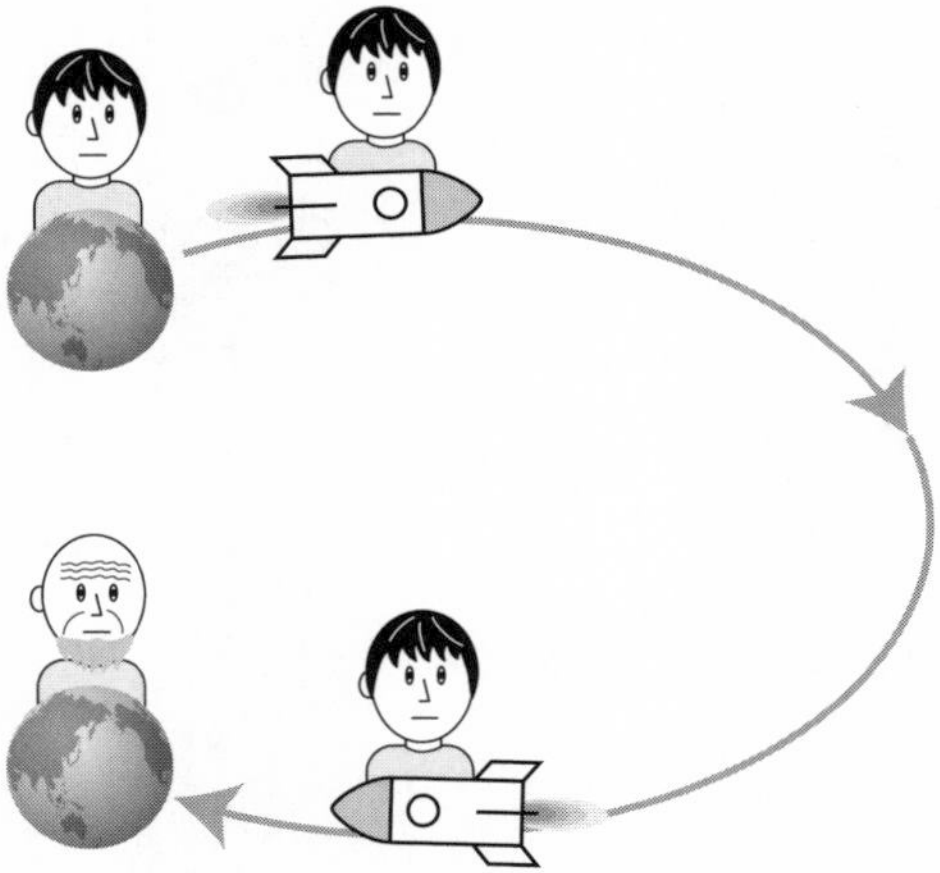

光速に近い速度で運動する系では時間がゆっくり進む

一般相対論による空間のゆがみのイメージ

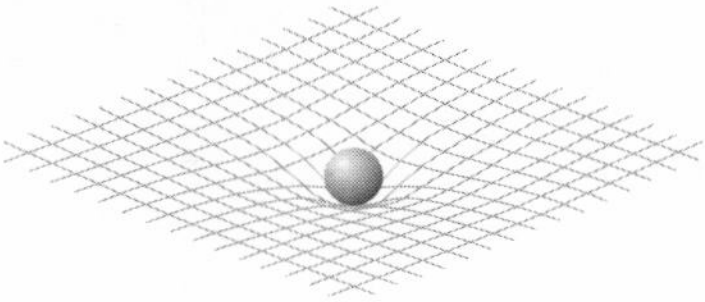

質量のある物体の周りの空間は平坦ではなくゆがんでしまう

［1］**若者のマナー：**以前、韓国で開かれた国際会議の夕食時、韓国の方がいないテーブルで外国人参加者を相手に私がこの蘊蓄《うんちく》を披露して得意になっていたことがある。「その証拠に、隣のテーブルにいる韓国の人の食べ方を注意して見よ」と伝えたところ、韓国人の大学院生が容器を手に持ちながら、直接口をつけて汁物を思いっきりすすっているところであった。若者のマナーが乱れているのは決して日本だけの問題ではないようだ。一方、別の機会で横に座った韓国人大学院生は、ビールを飲む際には私に背中を向けてなにやら口元を隠している。何か私が失礼なことをしたかもしれないと思い尋ねてみると、目上の人にお酒を飲んでいるところを見せるのはマナー違反なのだとのこと。儒教的精神が今でも生きている韓国文化に大いに感銘を受けた。飲み過ぎるなと釘を刺しているにもかかわらず、いつもべろんべろんになって羽目をはずすのが常となっていた私の研究室の某大学院生（66ページ参照）にはぜひとも見習ってほしかった。

［2］**ドゥユーマインド?：**マインドといえば、Do you mind～?という質問に対してOf course, not!などと即座に答えられる日本人がいたらお目にかかってみたい。この質問を聞くと私など正しく答えるべく少なくとも数分は沈思黙考せざるをえない。たいていの日本人は「イ、イエス」と何とか笑顔を振りまき、やや気まずい思いをしている先方を一層混乱させてしまうはずだ。

［3］**ピーブルズ先生：**その質問者とは、２０１９年にノーベル物理学賞を受賞することになるジム・ピーブルズであった。ノーベル賞を獲るほどの学者ですら◯と×の意味を知らないほど、日本ローカルの風

習なのだ。

［4］**×と✓の読み方**：私は×をバツ、✓をペケと区別して読んでいる。バツはそもそも「罰点」から来ているのであろう。ところで以前、×をペケと読んでいる人がいることを知って驚いたことがある。これは単なる方言なのか、それともむしろ多数派なのであろうか？

［5］**ドイツの○×**：その後ドイツ人の学生R君にも同様の質問をしたところ、彼はfを書くのは一般的であるがrをつける例は見たことがなく昔の習慣であろうと言っていた。答案の採点記号が地域のみならず時間的にも変化することがわかる。

［6］**分数の書き順**：この○×話でひとしきり盛り上がったあとで、アメリカ人博士研究員であるR君が「日本ではみんな分数を書く際に、分母を先に書くのを見て驚いた」と教えてくれた。日本ではB／Aを「A分のB」と読むが、英語では「Bオーバ−A」である。当然、式を書く際にもこの順番が反映される。言われてみれば当たり前ではあるが、今まで見逃していた面白い例である。

［7］**天文学者の生態**：その証拠に、太陽が昇っている明るい時間帯にはほとんどの天文学者は寝ているものと一般には固く信じられている。

［8］**闇の世界**：須藤靖「世界を支配するダーク」『この空のかなた』（亜紀書房、2018年）参照。

［9］**双対性**：鳥かごに飼われている小鳥を見て、「こんなところに閉じ込められてかわいそう」と考える優しい人も多いかもしれないが、哲学の教育を受けた小鳥がいれば「閉じ込められているのは自分ではなく、この鳥かごの外にいるあなたの世界のほうではないか」と悠然と言い放つかもしれない。いわゆるヒキコモリの息子を「なぜ外に出てこようとしないのだ」と叱責した親が、「引きこもっているのは

そっちのほうだ」と言い負かされたというまことしやかな話を聞いたことがある。これらは、数学や物理学で重要となる双対性という概念にも通ずる重要な議論であることを強調しておきたい。

[10] **ダークエネルギー**：理論的にはアインシュタインが1917年に提案した宇宙定数と同じなのだが、観測的にその存在が検証されたとされるのは1998年である。それを成しとげた二つの観測グループの代表者3名は2011年のノーベル物理学賞を受賞している。

[11] **無音の録音**：「優しい空虚、あるいは『Open the ears!』」『UP』（2008年2月号、東京大学出版会）。

[12] **身近な相対論的現象**：あとになるともはや類似性を見出すことが困難な例に発展してしまっているような気もするが、どうかご容赦を。

[13] **一般相対論の参考書**：特殊相対論は高校生程度の数学を用いて理解できるが、一般相対論はもう少し高度な数学の知識を必要とする。例えば、須藤靖『一般相対論入門（改訂版）』（日本評論社、2019年）、『宇宙は数式でできている――なぜ世界は物理法則に支配されているのか』（朝日新書、2022年）などを参照のこと。

大学教授をめぐる三つの誤解

真実の姿

下の娘が小学校低学年の頃には、横に並んで床に就き、ペチャクチャとくだらないお喋りをしながら眠りにつくのがお約束であった。あるとき「パパは大学を卒業したらどんな仕事をしたいの?」と聞かれたので、「んー、本でも書いて過ごそうかな」と答えたことがある。

後日彼女は母親に向かって「パパは、大学が終わったら作家になりたいとか、夢みたいなことばかり言ってるんだよねー」と心配そうに報告したらしい。友達のお父さんのほとんどは会社で働いているにもかかわらず、自分の父親は未だに学校に通っているという不可解な事実に一抹の不安を感じていたのであろう。大学に通学することはあっても通勤することがあるなどとは理解できなかったらしい。その上「大学を卒業したら作家になりたい」などと言われた日には、幼な心にも父親の将来への憂いが生じるのは当然と言えよう。

しかしこう考えてくると、そもそも世間一般から大学教師という職業が正しく理解されていないのでは、と気になってくる。そこで今回は大学教師という職業に対して皆さんが抱いているに違いない偏見と誤解をなくすべく、その真実の姿を赤裸々にご紹介してみたい。

誤解①講義以外は大学に出てこない

そもそも大学教師は何に対して給料をもらっているのか、当事者と第三者では全く意見が異なっているようだ。小中高の先生方の場合、第一義的には教えることが仕事であると言ってよかろう。

一方、大学教師の場合、研究と教育の両立、という言葉がしばしば用いられている。ただしどちらにより大きなウェイトがかかっているのかは明らかでない。研究第一主義者は「優れた研究をしていないものに教育ができるはずがない」、それとは逆に「研究者としての才能と優れた授業ができる能力とは全く無関係である」といった、一見もっともそうでありながら開き直りともとれるような常套句《じょうとうく》を繰り返す。

しかし本書をお読みになっている比較的年齢が高い方々の場合、大学時代に受けた講義の中で本当によかったと思えるようなものは数えるほどでしかなかったはずだ。「大学の講義などに出ている暇があれば自分で本を読んで勉強せよ」というのもまた常套句であったし、事実、学生の講義出席率はあまり高くなかった。

もちろん、これはすでに過去の話である（と思う）。今や、学生による授業評価は当たり前になっているし、講義出席率は信じられないほど高い。休講に対しては必ず補講することが求められている。[1] にもかかわらず、あくまで「研究と教育」なのである。決して講義さえこなせばそれでよし、というわけではない。

はるか昔私が初めて大学に就職した際に、母親から「毎日、大学で何をやっているのか？」としつこく聞かれたことを思い出す。特に「夏休みには講義もないのになぜ大学に行っているのか」というのが彼女の理解を超えた大きな謎であったらしい。残念ながら、息子から満足できる答えを得ることのないまま彼女は旅立ってしまった。

「研究している」と言われても、研究とは何なのか明らかでない。論文を読んだり、計算をしたり、さらにはボーッとしているのもまた重要な研究の一部であろう。しかしこれらは決して大学に行かなければできないものではない。実験設備が不要の、数学や理論物理、さらには文科系の教員ならば、わざわざ大学に行く必然性は低そうに思える。

私の場合、実は朝7時から夕方6時というのが平均的な大学滞在時間帯である。このような朝型は大学人としては極めて例外的であるが、理科系の場合、朝から晩まで（朝10時から夜8時あたりが一般的かもしれない）大学に滞在しているのはごく普通であろう。残業手当も休日出勤手当も何もない裁量労働制であるにもかかわらず、常に大学に滞在するのが通常の理科系教員なのだ。

私の場合それが完全に習慣となっているため、自宅では気持ちが緩んでしまい、締め切りが迫っている仕事を抱えていない限り、集中できない。したがって自宅での休日は、テレビを見ながら寝る、ミステリーを読みながら寝る、布団に入って寝る、の三つの生活パターンしかない。

一方、文科系の先生方は自宅で研究する方が多いらしい。おそらく、かなり強固な精神力と高邁《こうまい》な理想を兼ね備えた方々なのであろう。

以前、文学部は夏休みには週1回しか図書館が使えない、また私立大学では夏休みは大学の冷房を止めるので出てこなくてよい、といった話を聞いて驚いたことがある。

理科系の先生は「文科系の先生は講義か会議のとき以外は大学に出てこない気楽な商売だ」と揶揄《やゆ》することが多いのだが、逆に「理科系の先生は本来自宅でできるはずの研究にまで大学の水道光熱費を使っていてけしからん」という反論ももっともかもしれない。

研究と教育にお金を出さないことで有名となってしまった日本国においては、水道光熱費に代表される定常的経費をいかに削減するかは、大学が避けて通れない喫緊の大問題である。「夏休みに大学の冷房を使って研究室でのうのうと論文を読むなど、公私混同もはなはだしい」といった批判がまかり通る時代がすぐそこに来ていそうだ。

ちなみに、大学教師は講義よりも（ほとんどの場合、非効率あるいは意義が感じられない）会議や雑用に費やす時間のほうがずっと長い、という事実はほとんど知られていないであろう。しかもそれらは過去30年間にわたり確実に増加する一方である。

誤解②人格者である・変人である

かつて、政治家や官僚は尊敬すべき職業の典型だと考えられていた時代があった。しかし昨今、汚職や天下りといった事実が国民に浸透するにつれ、政治家や官僚は上級国民とひとくくりにされ、全員が悪者であるかのごとくみなす風潮が蔓延《まんえん》している。父親が○○

省のキャリアであるというだけの理由でその子供がいじめられるという不条理な事実も報道されたことがある。

このように、人間はある極端な例を疑うことなく一律に当てはめることで安心するという性癖を持っている。そのため時として、物事の評価がある一瞬を境に180度変わってしまうことがある。私の子供の頃は、努力した結果が「末は博士か大臣か」によって報われるという牧歌的な価値観が一般的であったのだが、今やこの言葉は「やがてはポスドクか天下り」といった負の文脈で用いられているのではあるまいか。その証拠に、日本では博士課程に進学する学生数が著しく減少しているし、優秀な学生が国家公務員キャリアを敬遠する傾向も顕著となっている。

同じように大学教師に対するイメージは、「大学の先生になるほどだからさぞかし立派な人格者に違いない」、あるいは逆に「自分の専門以外には興味がなく通常の社会常識を持たない変人」という、180度異なる二つの偏見に大別されているようだ。むろんこれは「大学の先生だから……」という先入観から来る誤った過度の期待への裏返し以外の何ものでもない。

普段垣間見《かいまみ》ることができない大学教師の人格や見識があらわになるのは会議の際である。

大学には助教・准教授・教授といった職種の階層しかないし、異なる研究室間の独立性が高い。そのため、よく言えば自由、もう少し正確に言えば世間知らずであってもそれなりに生きていける。おかげで、様々な会議での発言を聞いていると、いつもは知りえないその人の見識が丸わかりである。「おいおい、そんなふざけたことをよく人前で発言できるな」というレベルの奴から、「んー、こんな立派な人を大学の先生にしておくのはもったいない」と思わせる方まで、バラエティーの豊かさを考えると、見識の総合商社というフレーズが頭をよぎる。

これとは逆に、大学教師だから変人だ、というステレオタイプの偏見もまた同じ。むしろ社会の側は、大学教師は変人であってほしいと望んでいるだけの話だ。確かにマスメディアにたびたび登場する大学教授[2]はまさにその期待を裏切らない面々である。しかしだからこそ引っ張りだこになるのであって、平均的大学教授がテレビに出演したところで面白くも何ともないのだ。過度にマスメディアに露出している大学人のほとんどは、大学教師の典型ではないことを理解してほしい。

誤解③頭がいい

最後にこの誤解を白日のもとにさらすことには、さすがの私もいささか躊躇《ちゅうちょ》するのであるが、ここまで来たら書かざるをえまい。私が30年以上の大学教師歴を通じて実感したのは、大学教師は世間が想像している（と私が想像する）ほどには頭がよくない、という現実である。

もちろんこれには詳しい但し書きが必要だ。私は建前としては物理が専門ということになっているが、この業界には畏るべき頭脳の持ち主、さらには物理とは程遠い分野に至るまでの深い理解や知識を兼ね備えた方がいることも確かである。一方、だからといって必ずしも全員がそうだというわけではない。私がこの業界で生きながらえている理由もまさにそこにある。

次の言葉は、物理学科に進学してきた学部学生に対して私がよく言う話である。

「通常、研究者になると定年まで40年近くもの期間、ある学問に携わることになる。どんな人間でも10年も物理ばっかりやっていればそれなりに理解できるようになるし研究成果も出てくるはず。皆さんはまだ本格的に物理を学び始めて1、2年しか経っていないのだから、わからないことだらけなのは当然だ。問題は、数十年にわたって学問する気持ちを保ち続けることができるかどうかなのである」

実際、私が指導してきた学生の例を考えても、必ずしも相対的な意味で頭のいい学生だけが研究者として成功しているわけではない。もちろん、何をもってして頭がいいとするかは自明ではないし、少なくとも特定の分野に関しては一定以上の能力がなければ大学教師にはなれないであろう。しかし、そのような条件を満たしているならばより重要なのは「継続は力なり」、というのが私の経験に基づく結論である。

結果として、世間一般が考えるいわゆる「頭がいい」というイメージと大学教師の平均像は必ずしも一致するものではない。そのズレが、専門馬鹿あるいは変人という、別の意味でのステレオタイプの形成にも寄与しているかもしれない。

では学生は私のことをどのように見ているか、示唆的なエピソードがあるので、思い切ってここでご披露してみたい。あるとき自分の研究室の学生たちとカラオケに行った。

私が熱唱していると、当時博士課程3年の学生S君が何やら合いの手を入れてくる。「なるほど学位論文提出が近づいてくると指導教員にも気を遣うようになるものだな」と学生の成長振りを頼もしく感じる。

しかしよく聞いてみると彼は何と「♪エロエロヤスシー、エロヤスシー♪」と絶叫しているではないか。[3] 仕方ないので、そのメロディーに合わせながら「♪そんなことではSの学位は保証できないゼー♪」と指導教員として厳重な教育的配慮にあふれる注意をしたところ、[4] 彼は直ちに口をつぐんだ。

にもかかわらず同じフレーズがまだ耳に届くのである。ふと横を見るともう一人の博士課程3年の学生であるN君もまた「♪エロエロヤスシー、エロヤスシー♪」と絶叫していたのだった。

このような私個人の例から学ぶものは何もないかもしれない。しかしながら、これもまた大学教師像に対する偏見をなくす一助となればとの真摯な気持ちから、恥をしのんで紹介させていただいた次第である。[5]

「象牙の塔」あるいは「白い巨塔」といった古典的な大学のイメージは（少なくとも理学部には）すでにどこにも残っていない。社会の変化を反映して大学も変わることを余儀なくされているし、実際世間が持っている大学教師像は誤解以外の何ものでもなくなっている。大学をめぐる国策に対して、私は必ずしも賛成するものではないが、大学が今後もいろいろな意味で変革すること自体は必要であろう。「末は博士か大臣か」が再びいい文脈でのみ引用されるような日を目指して、立ち上がれ大学人！

[1] **休講のない大学**：昔は、休講すると学生からも喜ばれるし、教師側もまた嬉しいという利害関係が一致していたものである。

[2] **ノーコメント**：数人程度の名前は直ちに浮かぶが、さすがにここに明記するだけの勇気はないので、各自お好きな方の名前を頭に浮かべながら読み進めていただきたい。NHKの連続テレビ小説『らんまん』で有名となった牧野富太郎は言うまでもないが、そこに登場した東京帝国大学教授の人々は（少なくとも現在においては）存在しえない。

[3] **無実**：言うまでもないことではあるが、私はそのような形容詞とは程遠い清廉潔白な人生を送っていることを強調しておく。全く根拠のない誹謗《ひぼう》中傷と言わざるをえまい。

[4] **アカハラ**：昨今の情勢では、いくら根拠がなくとも学生の発言の自由は完全に保証されているにもかかわらず、教師側が厳しい愛のムチを与えた場合にはアカデミックハラスメントであると訴えられたりすることがある。大学教師不遇の時代と形容せざるをえまい。

[5] **元学生の今**：念のためS君とN君はともに無事学位を取得し、日本および米国において、宇宙論の大学教師として活躍している。現在の彼らは学生からどのように見られているのか、ぜひとも知りたいものである。

物理学者は所構わず数式を書きなぐるか？

ガリレオか、ガリレイか

２００７年に、英国エジンバラ王立天文台で所蔵されている天文学関係の古典的書物を特別に見せてもらう幸運な機会を得たことがある。

ニコラウス・コペルニクス『天球の回転について』（１５４３年）、ティコ・ブラーエ『天文学観測装置』（１５９８年）、ヨハネス・ケプラー『世界の調和』（１６１９年）、アイザック・ニュートン『プリンキピア』（１６８７年）、などなど。まさに天文学から物理学へ至る歴史を切り拓いた書物の本物を、しかも驚くべきことに直接手に取ってめくり、眺めることさえも許された貴重な体験であった。

その一つ、ガリレオ・ガリレイ『星界の報告』（1610年）の写真撮影に奮闘していたとき、一緒にこの「天文学関連古典書閲覧無料ツアー」に参加していたY先生が
「ふーん、ガリレオ・ガリレオなんですね」
とボソッとつぶやいた。デジカメでの撮影に没頭していた私も目を離して実物を見ると、なるほど確かにガリレオ・ガリレオだ。

ガリレオ・ガリレオの著書『星界の報告』。自作の望遠鏡を用いて彼が発見した木星の衛星（現在は、ガリレオ衛星と呼ばれている）を、庇護者であったトスカーナ大公にちなんでメディチ家の星（Medicea Sidera）と名づけて報告している

ガリレオ・ガリレイが近代科学の祖の一人であることは言うまでもない。我々が静止していようと等速直線運動をしていようと観測する物理法則は同じである、という結果は「ガリレイの相対性原理」と呼ばれている。その原理の妥当性と限界に関する考察は、ニュートン力学から特殊相対論、さらには一般相対論に至る行程で重要な役割を演じた。のみならず、ガリレオはピサの斜塔から大小の球を落としてそれらが同時に着地する事

実を見つけたとされるため、その後、観光客がピサの斜塔に押しかけ、その傾きに拍車をかけることにも大きく貢献した。月のクレーターや太陽の黒点を見つけたのも、木星の周りの四つの衛星を見つけたのも彼である。後者は「ガリレオ衛星」と呼ばれている。決して、教会の圧力に屈しながら陰でボソッと「それでも地球は回っている」とつぶやいただけの人物ではない。

もちろん私も学部の物理学の講義では、ガリレオの業績に触れずにはいられない。「昔イタリアのトスカーナ地方では、長男にその家の苗字と同じ名前をつける慣習があった。つまり、ガリレオとはガリレイ家の息子という意味であり、ガリレオ＝《イコール》ガリレイである」という蘊蓄《うんちく》をたれて得意になっていた。したがって、ガリレオ・ガリレイなのか、それともガリレオ・ガリレオなのかによっては、私の教師人生において最大の禍根にもなりかねない重要な問題なのだ。

というわけで早速イタリア人の友達にメイルで問い合わせてみた。回答は単純で、イタリア語のガリレオ・ガリレイを、ラテン語に従って活用させるとガリレオ・ガリレオとなるのだそうである。

言われてみれば、私自身が手でめくり撮影する光栄に浴した『プリンキピア』の著者名

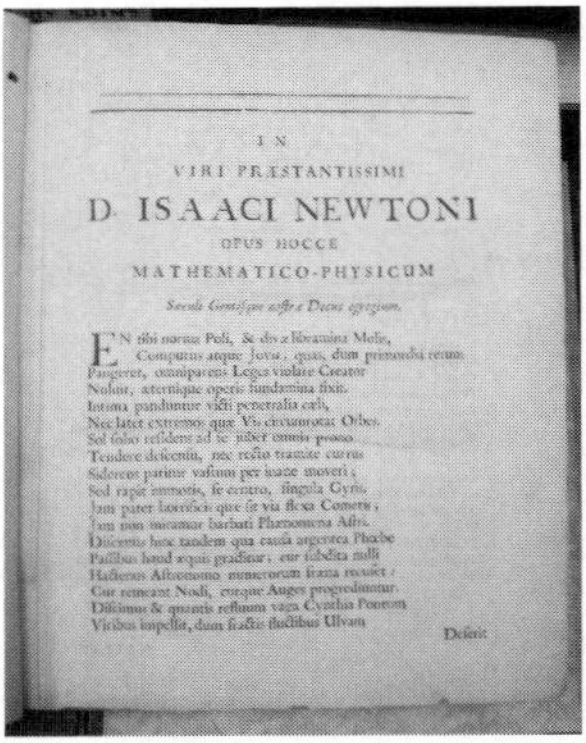
IN
VIRI PRÆSTANTISSIMI
D. ISAACI NEWTONI
OPUS HOCCE
MATHEMATICO-PHYSICUM

“イザッチ・ニュートーニ”による『プリンキピア』の最初のページ

の部分を見直せば、イザッチ・ニュートーニと読める。かつて、まっとうな学者は書物の内容のみならず自分の名前までもラテン語で書くことが当然とされていたためなのだろう。

ちなみにイタリアでは、ガリレオ・ガリレイのことを、苗字のガリレイでなく名前のガリレオと呼ぶのが普通だとも教えてもらった。日本でも、「ガリレイの相対性原理」、「ガリレオ衛星」のように、いささか統一がとれない呼び方が流布している理由の一端はそこにあるのかもしれない。[1]

これが物理学者の生態だ!

ガリレオと聞くと、東野圭吾の小説で、テレビドラマでは福山雅治が演ずる湯川学が主人公の「探偵ガリレオ」を思い出す方もいらっしゃるだろう。私は以前より、「探偵ホームズ」、「怪盗ルパン」、「明智探偵」という流れから言えば、「探偵ガリレイ」であるべきだと疑問に思っていたが、ラテン語から考えてもイタリアのしきたりから言っても「探偵ガリレオ」のほうが理にかなっていそうだ。[2]

「探偵ガリレオ」といえば、家族でそのTV放送を見ていたとき、我が娘ながら真実を見抜く鋭い眼を持つ長女が「福山雅治の横顔はパパに似ている」という正直な感想をもらしたところ、家内と次女にコテンパンに叩かれたことをまざまざと思い出す。その結果、長女は次のCMに移る以前に、前言を撤回することを余儀なくされてしまった。

真実が不合理な権力によって捻じ曲げられてしまうという、ガリレオの生涯を彷彿《ほうふつ》させるような現場を目の当たりにした経験は、20年近く経った今でも決して忘れられない。[3]

ところで「探偵ガリレオ」は、世の中が物理学者に対して持っている偏見（もう少し正確には、予定調和的にこうであってほしいと期待しているイメージ）を理解する上でも役に立つ。湯川学の描写によれば物理学者とは次のような習性を持つ人種らしい（その後の矢印に続く括弧内は私が理解している現実の姿である）。

・理屈っぽく、発言が単刀直入（→これはいずれも現実に近い）
・研究室では常に白衣を着ている（→化学者や生物学者はそうだろうが、白衣の物理学者など

見たことはない。少なくとも私は今まで自分の研究室で白衣を着たことなど一度もない）

・いつも汚い学食で食事をしている（↓最近の学食は以前に比べてかなりきれいになっているとはいえ、基本的には正しい）

・突然何か思いついたが最後、所構わず怒濤《どとう》の勢いで意味不明の数式を書きなぐりはじめて止まらない（↓数式を書いて議論を進めることは日常茶飯事であるが、黒板や紙ではなく、塀や道路であろうとお構いなしに書きなぐる危ない人は見たことがないし、仮にいたならば、決して近寄りたくない）

・研究室で料理をして食べる（↓40年以上前に私が大学院生として在籍していた実験関係の研究室では確かにほぼ毎日そこで夕食を作って食べている先輩がいた。ただし現在では、火災防止の観点からガスの使用は禁止されており、強い火力を要する中華料理は満足できる仕上がりにはならないであろう）

・常に冷静沈着でハンサム（↓残念ながらそのような教員の存在はほとんど期待できない）

推理小説に登場する数式が高度過ぎる件

ところで東野圭吾氏は理科系出身であるためか、その作品は理系ミステリーに分類されることがある。逆に言えば、世間的には推理小説とは本来文科系に分類されるものと理解されているのかもしれない。

しかしこの際、推理小説の古典として著名なヴァン・ダイン作『僧正殺人事件』を引き合いに出してその誤解に反論しておきたい。そこでは、当時最先端の物理学の知識が（全く意味もなく）てんこ盛りであり、それを読んだ私は驚かされたのだ。

例えば、殺害されたある被害者の近くに、Bikst＝λ/3（gikgst-gisgkt）といったメモが残っていた、とある。これは2次元時空のリーマンテンソルを計量テンソルで書き下した結果だと思うのだが、それを理解できる知識を持つ読者が果たしてどのくらいいるであろう。そのあたりを心配しながら読み終えた私にとってさらに衝撃的だったのは、このメモの内容がストーリーと全く関係ないことであった。何を意図して伏線でもなんでもない難解なメモを持ち込んだのか、この殺人事件以上の謎である。

のみならず、登場人物の一人である物理学者は、量子論では説明できない光の相互作用を考慮したエーテル線理論の修正の仕事や、ド・ブロイやシュレーディンガー[4]によって数年後解決されたアインシュタインの仮説の矛盾に取り組んでいたとも書かれている。

量子論の基礎方程式をシュレーディンガーが発表したのは1925年であるが、本書の出版はわずか4年後の1929年。そんな最先端の物理学の話を、推理小説に潜り込ませるとは驚異的だ。当時の推理小説読者層の科学リテラシーがすごかったのか、ヴァン・ダインが物理学オタクだったのかはわからない。ただ少なくともそのような物理学ネタを主人公にとうとうと語らせようと、本の売り上げが落ちないだけの科学リテラシーが存在していたことは確かだろう。「実に興味深い……」。

話は全く変わるが、私が入学した半世紀前、東京大学の女子学生の割合は約7%であった。現在では全体としては20%以上にまで増加している。しかし、東大物理学科では約70人の定員に対して女子学生がわずか2、3名しかいないという状況が今でも続いている。これは教員として大いに反省しなくてはなるまい。そもそも物理学研究に限らず、日本の将来はもはや女性の手にかかっていると言っても過言ではない。

これは決して男女平等といった形式的観点だけで済ますべき問題ではない。現在の18歳人口は私の年代の頃に比べて半分ほどにまで落ち込んでいる。つまり、将来の日本を支える人材は半減している。今まで活躍の場を十分に与えられていなかった女性の力を存分に引き出せる社会システムを構築せねば、日本の未来は悲惨であることは自明だ。平等性や公平性といった議論だけでなく、むしろ社会の損失を防ぐという立場からも、優秀な女性を物理学科に勧誘するのは喫緊の課題だ[5]。

いずれにせよ『僧正殺人事件』、『探偵ガリレオ』に代表される古今東西のミステリーの名作を十分堪能するためには、物理学の理解が不可欠である。この機会に物理学科へ「どんと来い！　女子高校生[6]」。

［1］**著名なイタリア人**：「ダンテやミケランジェロの場合と同じだよ」と教えてもらったのだが、それらが苗字ではなく名前であることは恥ずかしながら知らなかった。本書を自腹で購入されたほど教養の高い皆さんであれば、アリギエーリやブオナローティと言われてもすぐピンと来るのだろうか。

［2］**探偵の名前**：確かに「名探偵コナン」はこの用法に則している。とは言っても「探偵小五郎」では怪人二十面相には勝てそうにない。「探偵コゴロッチ」ではなおさらである。

［3］**権力による不当な弾圧**：長女にはぜひともガリレオをみならって、「それでもパパに似ている」とつぶやいてほしかったところであるが、残念ながら完全に家族内の権力に屈してしまったようである。

［4］**「レ」か「レー」か**：私の耳で聞く限り、ほとんどの日本人物理学者は「シュレディンガー」と発音しているとしか思えないのであるが、「シュレーディンガー」と表記するのが正式のお約束らしい。第3部の「シュレーディンガーの『レー』」参照のこと。

[5]　**真面目な注：**校正時に編集部より「社会にとって損にならないために女性の社会進出を進めるべきとの表現は、誤解を生む可能性がある」と指摘を受けた。文脈を考えればそんな誤解をする読者（少なくとも自腹で購入された方）がいるとは思えないが、男女平等という観点だけでよしとして思考停止するのでなく、女性の社会進出は社会にとってプラスなのだという（私には自明の）より積極的な論点はもっと広く共有されるべきだと思う。

[6]　**女性の物理学者進出へ：**と言っても本書を自腹で購入しこの結論を目にする女子高校生がいるとは思い難い。もしも読者の皆さんにお子さん・お孫さんがいらしたら、ぜひとも物理学科入学を執拗に勧めていただきたい。

第2部

正解のない宇宙の謎を考える

未解決の謎に正解を与えるのが科学者の仕事だと考える人が多いかもしれない。むろんそれはそれで正しいのだが、より重要なのは、むしろ今まで知られていなかった重要な謎を見つけることなのである。すべてに答えが知られており謎が残っていない世界など、私には生きる価値がないとすら思える。

幸いなことに、この宇宙に関する限り、そもそも正解があるとは思えないほど魅力的な謎が数多く残っている。そんな謎をあーでもない、こーでもないといじくり回して悩むことこそ、宇宙物理学者の悦楽である。

ここでは、そのような正解のない謎とその魅力をいくつかお伝えしてみよう。

この宇宙は偶然か、必然か——宇宙原理と人間原理

この宇宙の他にも別の宇宙があると考えるほうが自然

物理学の世界では、「この世界が秩序に従っている以上、身の回りの現象すべては物理法則というごく少数の摂理から説明できる。そこに偶然は必要ない」という考え方がある。これを私は「物理学の教典」と呼んでいる。

では、「身の回りの現象」だけでなく「世の中のすべて」までをも偶然に頼ることなしに説明できるのだろうか。

例えば宇宙論研究では、[1] 宇宙の起源そのものは未だ解き明かされていないものの、宇宙の誕生から38万年後がどんな状態にあったのかはかなりよくわかっている。これを可能に

宇宙マイクロ波背景輻射の全天地図

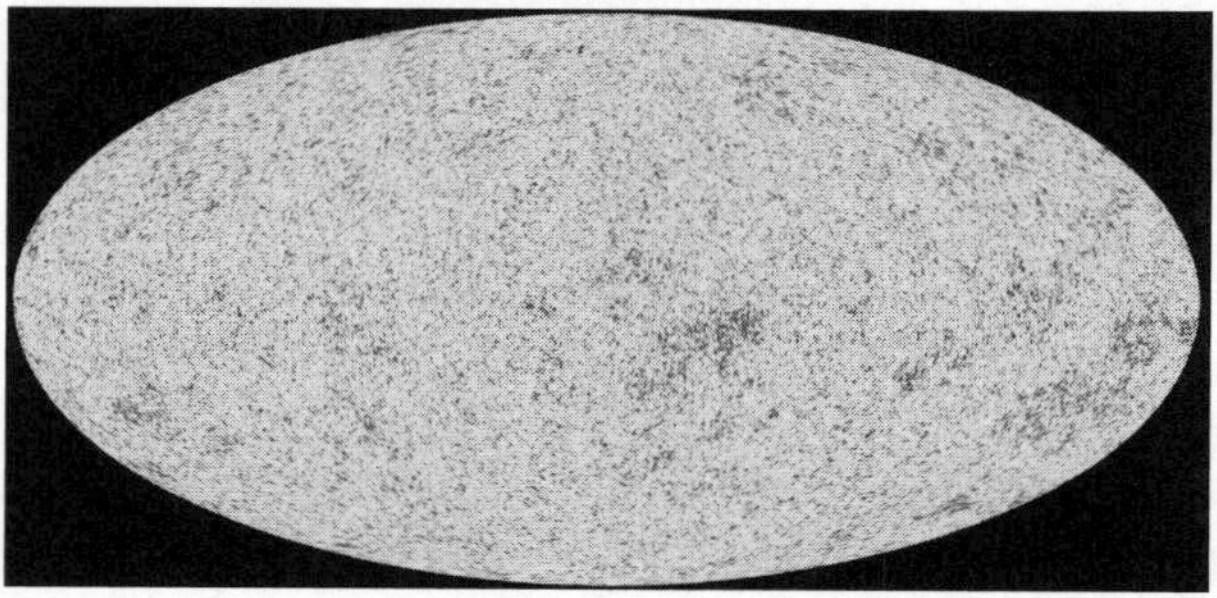

したのは宇宙マイクロ波背景輻射《ふくしゃ》の観測で、現在の宇宙の年齢である138億年に比べたら、38万年など宇宙誕生の瞬間とほとんど同じようなものだ（138億年を1年とすれば、38万年は元日の午前0時14分に対応するに過ぎない）。

この38万年の宇宙初期から138億年の現在に至る進化の大筋は物理法則によってほぼ完璧に解明されている。これが宇宙は偶然ではなく「法則に従って進化している」と言える根拠だ。

ところが宇宙の歴史をさらに遡っていくと、必ずやどこかで宇宙が誕生した瞬間があるはずである。であれば、宇宙はなぜ誕生したのか？　それは必然だったのか？という新たな疑問が湧き上がる。

これに関しては、二つの立場がありうる。一つは、現在のような性質を持つ宇宙になるのは必然で、それがなぜかはまだ理解できていないものの何らかの物理法則に従ってこの宇宙がユニークに決まっているというもの。

もう一つは、たくさんの可能性があったけれど、そのときの何らかの外的環境によってこの宇宙の特徴が偶然決まったというものである（宇宙の外に環境と言えるようなものがあるのかどうかはわからないが……）。つまり、一旦誕生した宇宙はそれ以降は物理法則に従って必然的に進化するものの、どのような性質を持って誕生したかという最初の状態は偶然に左右されたと考えるわけだ。

むろんそのどちらが正解なのか（そもそもどちらも間違っているかもしれない）は全くわからない。また、どちらの立場であっても実際の研究にはなんら支障は生じない。せいぜい、どちらを信じればより安らかな人生を過ごせるか程度の違いでしかない。

マルチバースという概念

この状況を、宇宙の起源と並んで未だ解き明かされていないもう一つの大難問、生命の起源と比較してみよう。我々はこの地球上に起こった生命の姿しか知らないが、他の遠くの惑星にも生命が存在している可能性は決して否定できない。太陽系内惑星では火星における生命の痕跡探しが話題となっている一方で、私の研究テーマの一つである太陽系外惑星は、すでに5000個以上が発見されており、それらのどこかに生命が誕生している可能性が活発に議論されるようになっている。

とはいえ、地球上の生命と全く同じDNA配列を持つ生命が他の惑星にいる、と考える人はほとんどいないだろう。つまり、DNA配列が必然的に決まるのではないのと同様、他の惑星に誕生したであろう生命の性質は、偶然に大きく左右されていると予想するほうが自然、というわけだ。

このように、宇宙であれ生命であれ、我々の宇宙だけが、あるいは地球上の生命だけが唯一であると考えるのは、思い上がりと言うべきではあるまいか。宇宙は英語で「universe（ユニバース）」であり、その冒頭の「uni」はラテン語で「1」を表す。そこで、我々の宇宙以外に存在する可能性のある数多くの宇宙を総称して「multiverse（マルチバース）」という単語が用いられるようになっている。

地球以外のどこかの惑星に生命が存在するのではないか、と考えるのと同じように、この宇宙のほかにも別の異なる宇宙があるのではないかというマルチバース的世界観は、決しておかしなものではなく、むしろより自然なように思えてこないだろうか。

ダークエネルギーという不自然な微調整

マルチバースという考え方の背景には、一般的に期待されているような「我々の宇宙は法則に従って必然的に誕生した、唯一無二のものである」という考えではうまく説明できない不自然なことや奇跡的なことが山積しているという事実がある。

例えば宇宙の大きさ。信じられないかもしれないが、物理法則が予言するもっとも自然な宇宙のサイズは10^{-33}センチというとてつもない小ささなのだ。にもかかわらず我々の宇宙のサイズは、観測できる範囲だけに限ったとしても、それより60桁も大きいことがわかっている。言い換えれば、我々の宇宙の大きさはあまりに不自然なほど大き過ぎるのだ。

1998年に我々の宇宙は加速膨張していることが観測的に明らかになった。宇宙を加速膨張させている正体不明の「物質」はダークエネルギーと呼ばれている。もしもそれを、すべての物質を取り除いたときに残る真空自身が持つエネルギーとして理解しようとすれば、理論的に考えられるその予言値は現在の観測値より何と120桁も大きくなってしまう。つまり、宇宙のダークエネルギーの存在量は本来自然な値に比べて120桁も小さい。にもかかわらず0ではない。これは、その背後に我々が全く理解していない奇跡的な微調整が働いた結果だと考えざるをえない。

では、どうすればそのような奇跡が起こせるのだろうか。すぐに思いつくのは、とにかくたくさん試すことだ。「下手な鉄砲も数撃ちゃ当たる」と言うが、これが奇跡のように思える事象を実現させる方法であり、ある意味では奇跡を奇跡でなくす方法でもある。これこそが、次に紹介する人間原理の肝となる考え方である。

人間原理という考え方

人間原理には様々なバージョンがあり、その解釈も人によって異なっている。ここでは、私がもっとも穏当であると考える「弱い人間原理」を念頭において説明してみよう。

弱い人間原理とは、「我々の宇宙がある種の奇跡的な性質を持っているのは、それがないと人類が誕生しえなかったからだ」とする考え方だ。宇宙という存在を一般化し、さらに一段上から俯瞰《ふかん》してみると、人間原理はとても自然な考え方だと思えてくる。

そしてこの人間原理の肝となるのが、「たくさんの宇宙の存在を認めることで奇跡を奇跡でなくす」だ。これによって「たった一つの奇跡の宇宙」は、「無数に存在する可能性の中で、たまたまある性質を持つ一つの宇宙」に変わるのである。宇宙が十分たくさんあれば、一つくらい不自然で変な宇宙があってもおかしくはないだろう、というわけだ。

例えば、10桁の数字がランダムに書かれた紙を渡されたとする。もし自分の紙の数字がすべて1だったとすれば、奇跡としか思えないだろう。しかし、それが地上の70億人全員に1人ずつ1から70億までの数を書いた紙を渡したのだとすれば、誰か1人が11億1111万1111という数字を持っていることは当たり前だ。受け取った本人は「よりにもよって私になぜ？」と考え込んでしまうかもしれないが、それを奇跡と解釈するのは全くの間違いである。

これをさらに進めた喩《たと》え話を考えてみよう。当せん確率の極めて低い「危険な宝くじ」があり、それに偶然当たった人だけが大金を得て生き残り、それ以外の大多数の人々は即座に死んでしまうとする。その場合、「宝くじはそもそもはずれるのが当たり前だから、はずれても不思議はない」と納得したであろう人たちは全員死んでしまっており、「奇跡的に」くじに当たった人たちだけが生き残ることになる。とすれば、生きている人は全員「なぜ自分に奇跡が起こったのか」と驚いている、という奇妙な状況を実現できる。

いわばこれが我々の宇宙で起こっていることではないか、と考えるわけだ。もし自然な大きさである10^{-33}センチというサイズの宇宙が無数に誕生したとしても、そこに知的生命が誕生することは不可能である。とすればそこには「我々の宇宙は物理法則の予想通りの自然な大きさだ」と認識できる存在がいない。

一方、膨大な数の宇宙が存在すると仮定すれば、平均的には10^{-33}センチというサイズであったとしても、極めて例外的にそれより60桁以上大きいサイズの宇宙が誕生する確率も0ではない。そして、そのように不自然で不思議な宇宙にこそ知的生命である人間が誕生しうる。とすればそのような宇宙に誕生した知的生命は必ず「なぜこの宇宙や我々は不自然で奇跡的なのか」と悩むことになろう。我々の宇宙と人類はその一例だというわけだ。

超ひも理論が人間原理を補強する？

人間原理は宇宙に関する不自然さを薄めてくれるご利益がある一方で、どうしても偶然を認める必要がある。たくさんの宇宙があるとして、なぜその中で「この」宇宙が選ばれて我々の宇宙となったのかは説明できない。というかそもそも、それに関する説明は放棄しているのだ。

したがって「すべての事象には論理的な理由があり、必然的に説明できるはず」と強く信じる立場の科学者にとって、この考え方を素直に受け入れることは難しい。科学者でありながら現時点で必然的説明が困難であるというだけで、観測も検証もできない人間原理を持ち出して科学的説明を諦めようとするなど言語道断、という意見も十分理解できる。

しかしながら、「人間原理など持ち出さずともすべてのことを説明し尽くせる『究極の理論』があるに違いない。そして必ずいつか我々はそれを発見するはずだ」と考える研究者が多かった素粒子物理学においてですら、その状況は変化しつつある。

「究極理論」の候補とされる「超ひも理論」によれば、宇宙の性質を決める真空は唯一ではなく、最低でも10^{500}個もの異なる状態があるという。日常用語での真空とは空気を抜いた状態をさすが、物理学では文字通り「真の空」、完全に物質がない状態のことである。

超ひも理論によれば、我々の宇宙の真空は、10^{500}以上の異なる真空のどれか一つに対応する（らしい）。それぞれの真空には少しずつ異なる物理法則が対応していてよく、具体的には異なる物理定数[2]（光速度[3]、電荷、ニュートンの重力定数、プランク定数などの値）を持つ可能性がある。それぞれの異なる真空状態に対応して異なる宇宙が実在すると考えるならば、それはマルチバースそのものだ。

さてこの膨大な個数のパターンの真空状態のうち、原子が安定となるような物理定数の組み合わせを持つものはほんのわずかしかないだろう。とすれば我々の宇宙とは異なる真空を持つ大多数の異なる宇宙では、安定な物質は合成されず、当然、生命は誕生しえない。ほぼ無限個に近いような組み合わせの異なる真空がそれぞれ異なる宇宙に対応するとするならば、先述の宝くじの例と同じく、ほとんどの自然な宇宙には人間は存在せず、ごく少数の不自然な宇宙にのみ人間が誕生する、というわけだ。

このように、無数の真空状態を予想する超ひも理論は、まさに人間原理で必要とされていたマルチバースの存在を示唆する理論だと考えることができる。この理論の登場以来、素粒子物理学者の中にも人間原理の支持者が徐々に増えてきた。人間原理が市民権を得つつある状況は、個人的には喜ばしい。

宇宙原理という考え方

さて、人間原理と似て非なる考え方に、宇宙原理がある。すでに述べたように、天文学の歴史は、宇宙における我々の立ち位置を相対化し、特殊なものではなく平凡なものであることを確認する繰り返しであった。かつて宇宙の中心だと信じられていた地球は、太陽を回る惑星の一つに。その太陽も、天の川銀河にある無数の恒星の一つに。さらに天の川銀河もまた、無数の銀河の一例に過ぎないことが明らかにされてきた。

人間原理と宇宙原理

人間原理	我々が住むこの宇宙の性質は、人間が誕生するようにうまくできている。この事実は、無数に存在するであろう異なる性質を持つ宇宙の中で、たまたま人間が誕生するような性質を持つ例外的な宇宙の一つが、我々の住む宇宙であったことを示唆する。 例外的でない平均的な宇宙には人間が誕生できないので、その宇宙の性質が「予想通りである」と確認してくれる観測者は存在しない。これを認めれば、我々が住む宇宙が、人間が誕生するという条件を満たすからこそ数多くの不自然な性質を持っているという事実に納得できる。 この意味において、人間原理は、この宇宙以外にも別の性質（物理法則）を持つ異なる宇宙が無数に存在することを暗黙の前提としており、マルチバース的な考えが不可欠であると言える。
宇宙原理	この宇宙はあらゆる場所がほぼ同じ性質を持っているという考え。例えば、地球から観測できる地平線球内の宇宙の性質は、それより外の領域でも同じく成り立っているとする。 宇宙原理はマルチバースとは無関係、あるいはレベル1マルチバースの枠内での考察に限定した考え方だ、と言ってよい。

このように、この宇宙では、いかなる場所や天体も、決して特別な位置を占めるものではなくすべて平等であるようだ。この「宇宙のすべての場所はいかなる意味でも特別ではありえない」という考えが宇宙原理だ。私はこれを「究極の民主主義」と呼んでいる。

これに対して人間原理は、今まで説明してきた通り、我々の宇宙は唯一ではなく、他にも存在するたくさんの宇宙の中の一つに過ぎない、というマルチバースの考え方をさらに押し進めたものであり、天文学の歴史的な流れである「我々の立ち位置の相対化」と完全に合致する。その意味では、人間原理と宇宙原理は本来は独立の考え方ではあるものの、互いに相容れないどころか、むしろ極めて相性がいいのである。

偶然に左右される微視的世界から必然に従う巨視的世界が生まれる

先に紹介したように、偶然を前提とした人間原理が宇宙論では広く認められつつある。さらにここでは、必然と偶然という問題をより広く物理学の視点から考えてみよう。

冒頭で「身の回りのすべてのことは物理法則で説明できる」と述べたが、これは古典力学（ニュートンの法則あるいは一般相対論）を適用できる範囲においての話に過ぎない。マクロな物体の動き、つまり天体の動きや地上でのボールなどの物体の運動は古典力学で説明することができ、これらの運動は初期条件を与えればその後の運動は完全に決定するという意味で必然だと言える。

これに対して、ミクロの世界における、原子や電子、素粒子などの振る舞いは古典力学だけでは理解できない。それを説明するための体系が量子力学であり、その背後に横たわるのは「何ものも必然だけでは説明できず、偶然と不確実さが不可避である」という驚くべき事実である。

量子力学によれば、「電子が存在する位置」すら厳密には決定できない。これは「単に我々が知らない」にとどまらず、そもそも確定していないという意味だ。これこそが、不確定性関係[4]という量子力学の持つ本質的な特徴なのである。もう少し正確に言えば、粒子の運動量と位置を同時に完全に決定することは不可能であることを意味している。その結果、電子が存在する位置座標は「確率が何%」という条件をつけ加えなければ表現できない。

ここまでは、古典力学が適用されるマクロの世界と、量子力学が適用されるミクロの世界が、全く別ものであるかのような説明をしてきたが、実はこれは正確ではなく、その二つの世界に明確な境界があるわけではない。実際には、量子力学のほうがより本質的な基礎理論である。マクロな世界もまた量子力学に従っていると言うべきなのだ。

量子力学に支配される粒子が膨大な個数集まってマクロな大きさの物体を構成すると、そのスケールでの不確定性の大きさが、物体の大きさに比べて十分無視できるようになり、古典力学に従う近似的記述が十分高い精度で成り立つようになる。これが、マクロな世界ではすべてが決定論的に振る舞っているかのように見える理由である。

本来は連続的であるはずの現象が、全く異なる二つの種類に分岐しているように見えるもう一つの例として、無生物と生物の境界を挙げておこう。今生きている我々は間違いなく生物に分類されるが、その体をどこまでも細かく分割していけば、やがて生体細胞を構成する一つ一つの分子、さらには素粒子に行き当たる。それらは明らかに無生物である。

では、この無生物でしかない基本構成要素を何個集めれば、何らかの機能を持つ生物になるのか、その境界もわかってはいない。不思議なことである。

我々は宇宙のすべてを説明し尽くせるか？

「究極理論」の説明で少し触れたように、突き詰めれば、人間は森羅万象を完全に説明し尽くすことが可能なのか、あるいは逆に、決して説明（理解）しえない限界が存在するのか、最終的にはこのどちらかしかない。

科学者がある現象を探究し続けて、ある程度解明できたとしよう。これを登山に喩えるならば、山の中腹くらいまで登ったことに対応する。さらに探究を続けることは、その中腹からさらに上を目指して登ることと同じだ。しかし私は、自然科学という意味での登山はエンドレスであり、すべてのことを説明し尽くすことは不可能、言い換えれば、山の頂にはいつまで経っても辿り着けないのではないか、と思っている。

もちろん実際に登り続けない限り、下から眺めているだけでは雲に覆われた山頂は見えず、実際の高さはわからない。だからこそ諦めず登り続けていればいつかは雲が晴れて頂が見え、そこに到達できるはずだと信じて疑わない人と、一つ雲が晴れてもその上にはまた別の雲がありいつまで経っても頂は見えない状態の繰り返しではないかと考える人の2種類に分かれる。

私自身は、山の頂は決して見えないだろうと考える後者に属する。そして、それは悲観的であるというよりもむしろ夢があって楽しい、とすら信じているのである。

マルチバースという考えも結局はこの無限に続く登山のようなもので、検証することはできないだろう。我々が確認できる宇宙の他にも異なる宇宙が存在するとしたら、それを観測したいと考えるのは当然だ。しかしもしもそれが実際に観測できたなら、それは別の宇宙ではなく我々の宇宙の一部だということになってしまう。

そもそも我々が存在しているこの宇宙ですら、実際に観測できる領域はその外に広がっている宇宙の中のほんの一部分でしかない。宇宙の観測とは、遠方から届く光の情報を読み取ることに他ならず、そこには光の伝わる速度は有限（そしてそれよりも速く伝わるものは存在しない）という原理的限界が存在する。したがって、より遠くを見るためにはただただじっくりと時間をかけて待つしかない。

日常生活では光の速度はほぼ無限大のように思えるが、宇宙という広大なスケールで考えたときの光の速度は、地球上のナメクジの速度のようなものである。ナメクジが地球を一周して「地球は丸かった」ことを悟るのが現実的には不可能であるように、我々人間が直接知ることができる宇宙の範囲には限界があるのだ。

むろん、人類はこれから長い時間をかけていろいろなことを徐々に解き明かし続けていくだろう。しかしそれですら「我々人類ができる範囲で」という但し書きが付く。例えば、ネアンデルタール人はどんなにがんばってもアインシュタインの一般相対論は理解できまい。これと同様に、我々ホモサピエンスが、宇宙のすべてを理解するために必要なレベルの知性を持ち合わせている保証はない。というかむしろそうではないと考えるのが自然だ。

だからと言って、自然観・世界観をより高めていく試みを諦めろというわけではない。全く逆で、アリにはアリの、ゴリラにはゴリラの、人間には人間の限界があることを理解した上で、探究を継続する。これこそ、決して山の頂は見えなくても登山を続けるべきだし、だからこそそれは十分楽しく価値のある営みであると述べた理由だ。[5]

物理法則と矛盾しないことは必ず起こる

アルバート・アインシュタインは1916年に一般相対論を発表し、同年にドイツの天文学者カール・シュヴァルツシルトが一般相対論におけるアインシュタイン方程式の最も簡単な厳密解を導き出した。この解はブラックホールの存在を示したものであったにもかかわらず、「常識」ではそのようなものが実在するとは信じられなかったため、1970年代になって天文観測で発見されるまで、単に数学的な解に過ぎず、現実にはありえないと思われていた。

1932年、原子の中心部に位置する原子核の中に電荷を持たない中性子という粒子が存在することを、イギリスの物理学者ジェームズ・チャドウィックが明らかにする。この発見を受けてロシアの物理学者レフ・ランダウは「理論的には、この中性子だけが10^{60}個程度集まった天体が存在してもおかしくない」と考えた（とされている）。これは現在、中性子星と呼ばれている。

しかし、理論的に存在してもいいとはいえ、ミクロな原子核の中でしか存在しない中性子が膨大な個数集まり、太陽のようなマクロな天体を形成する物理過程など誰も想像できなかった。その後、中性子星は重い星の進化の最終段階である超新星爆発[6]時に誕生するというアイディアも提出されたが、あくまでも理論家の空想に過ぎないとみなされてきた。

ところが１９６７年、極めて規則正しい電波パルスを周期的に放射する天体「パルサー」[7]が発見され、その正体は中性子星であること、さらにはそれが超新星爆発によって形成されることは今や宇宙物理学の常識となっている。

アインシュタインが想定していなかった事実が、彼自身が発表した理論から導かれてしまうこともあった。アインシュタインは、膨張も収縮もしない静的宇宙が彼の一般相対論の予言と矛盾することに気がついた。そのため彼は、１９１７年、自身が発表した一般相対論の基礎方程式に「宇宙項」と呼ばれる新たな項を追加する。

ところが１９２７年にベルギーの司祭ジョルジュ・ルメートル、さらに１９２９年にアメリカの天文学者エドウィン・ハッブルによって、宇宙が膨張している観測的証拠が発見された。それを受けて、アインシュタインは、一旦付け加えた宇宙項を撤回してしまった。

しかしながら１９９８年に宇宙の膨張は加速していることが発見されるに至って、一度抹殺された宇宙項が、宇宙の斥力として働き加速膨張させる重要な役割をする項として再度脚光を浴びることとなった。理論的に禁止されない項は実際に存在していたのだった。

宇宙を探究する醍醐味

このような歴史を踏まえて、我々の宇宙とは異なる宇宙は、それを否定する理由がない限り、どこかに必ず存在するだろうと私は信じている。これは生命についても同じだ。

地球以外のどこかに異なる別の生物圏が存在する可能性は決して否定できない。しかも検証が不可能な別の宇宙の場合とは異なり、別の生物は地球から「わずか」100光年しか離れていない惑星に存在する可能性すらある。したがって、それを実際に検証できる日は決して遠くないかもしれない。

人間にとって宇宙はあまりに大き過ぎるため、そのすべてを解き明かすことは不可能だと言わざるをえない。しかしながら、わからないこと、解き明かしたいことが多く残っていればいるほど、わくわくした気持ちが湧いてくるのもまた確かだ。

やりたいことのない人生がつまらないのと同様、解き明かしたい謎がない科学など、何の魅力もない。自分の生きている間に解き明かすことは不可能であろうと、真実に一歩でも近づくためにできることをやっておきたい。それこそが、科学そして宇宙を研究する醍《だい》醐《ご》味《み》なのだと思う。

宇宙の晴れ上がり

宇宙が極めて高温だった時代には、その主成分である水素原子は電離しており、陽子と電子がバラバラの状態にあった。宇宙を満たす大量の自由電子は、その中を進む光を散乱させるため、光は直進できない。これは、あたかも霧の中で水の粒に光が散乱して周囲が見渡せないような状態に対応する。

しかし宇宙は膨張するにつれて温度が下がる。絶対温度で約3000度（ケルビン）程度になると、電子と陽子が結合して中性の水素電子となる。その時刻以降は、光の直進を妨げていた自由電子の数が急速に減少するため、光が直進できるようになる。これを「宇宙の晴れ上がり」と呼び、宇宙誕生から38万年後のことである。

現在の宇宙はそのときに発せられた光の名残で満たされている。その名残の光は可視光ではなく、主としてマイクロ波と呼ばれる波長の電波で観測できるため、宇宙マイクロ波背景輻射と呼ばれている。歴史的には、この宇宙マイクロ波背景輻射の発見がビッグバン宇宙モデルの確定的な観測的証拠となった。さらに、その電波強度分布が描く全天地図の詳細な観測を通じて、宇宙に関する詳細な情報が得られている。

マルチバース

マルチバースとは、我々の住む宇宙だけでなくより広い宇宙をさす一般的な概念だが、厳密な定義があるわけではない。ここではあくまで具体的な例として、マックス・テグマーク氏が提唱する四つの異なるレベルのマルチバースの分類を（私なりに少し変更した上で）紹介しておく。

レベル1マルチバース

宇宙が誕生してから光が到達する半径（現在の宇宙の場合138億光年）を持つ球内の領域をレベル1ユニバースと定義する。しばしば単純に「我々の宇宙」と呼ばれるのは、ほとんどの場合、我々が属しているレベル1ユニバースのことである。

しかしその外側にも、異なるレベル1ユニバース（現在の我々は観測することはで

レベル１マルチバースとレベル２マルチバースの例
（これに限るわけではない）

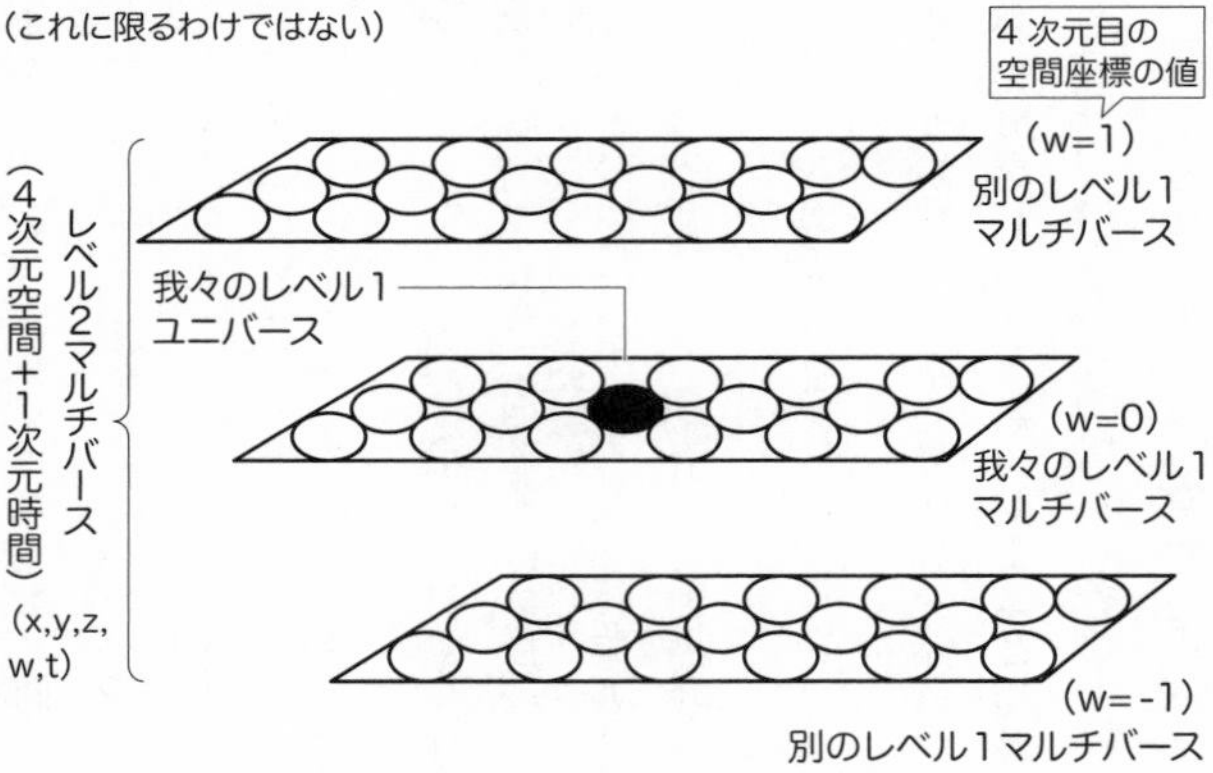

一つ一つの○がそれぞれレベル１ユニバース。その４次元時空（x, y, z, t）は３次元地平線球（x, y, z）＋１次元時間（t）。建物の異なる階が異なるレベル１マルチバースに対応する

きない）が無数個連なって存在していることはほぼ確実である。そのような異なるレベル1ユニバースからなる集合をレベル1マルチバースと定義する。これが存在することはほぼ確実であり、あえてマルチバースと呼ぶかどうかは定義の問題に過ぎない（これに対して、以下に示すレベル2以降のマルチバースが存在する証拠はない）。

レベル2マルチバース

レベル1マルチバースもまた一つだけとは限らない。互いに因果的に切り離された異なるレベル1

マルチバースが存在することを示唆する仮説も存在する。それらの集合をレベル2マルチバースと定義する。レベル2マルチバースを構成する異なるレベル1マルチバースは、互いに異なる物理法則に支配されている可能性が高い。

レベル3マルチバース

量子力学の多世界解釈によれば我々が属するレベル1ユニバース（さらにはレベル1マルチバース）から分岐する無数の世界が存在する可能性がある。逆に言えば我々のレベル1ユニバースあるいはマルチバースも別の世界から分岐して誕生したものかもしれない。それらの無数の世界の集合をレベル3マルチバースと定義する。

レベル4マルチバース

論理的に無矛盾な物理法則の体系が複数存在するとすれば、そのような抽象的な存在は必ず対応する物理的実体としての世界を伴っている可能性がある。そのような世界の集合をレベル4マルチバースと定義する。

素粒子物理学・量子力学・超ひも理論

素粒子物理学（高エネルギー物理学と呼ばれることもある）とは、あらゆる物質の最も基本的な構成要素である素粒子と、その素粒子間に働く力を研究する学問。そのような微視的な世界（例えば水素原子の大きさに対応する10^{-8}センチメートル以下のスケール）における物質の振る舞いを記述するのが量子力学である。微視的世界では、物質のエネルギーや角運動量が連続的な値ではなく、離散的な値しか取れない場合があり、それを「量子化」されたと呼ぶ。

量子力学は現代物理学の基礎となる理論的枠組みである。これに対して、素粒子物理学とは量子力学に従う物質の基本構成要素を突き詰めようとする学問である。

現在の標準素粒子モデルとは、すべての物質は物質を構成するクォークとレプトン、力を伝えるゲージ粒子と呼ばれる決して分割することのできない「素」粒子からなっていると考える。このモデルは極めて高い精度で現在の実験結果を説明できる優れたものである一方、宇宙のダークマターやダークエネルギーと呼ばれる成分

素粒子の標準モデル

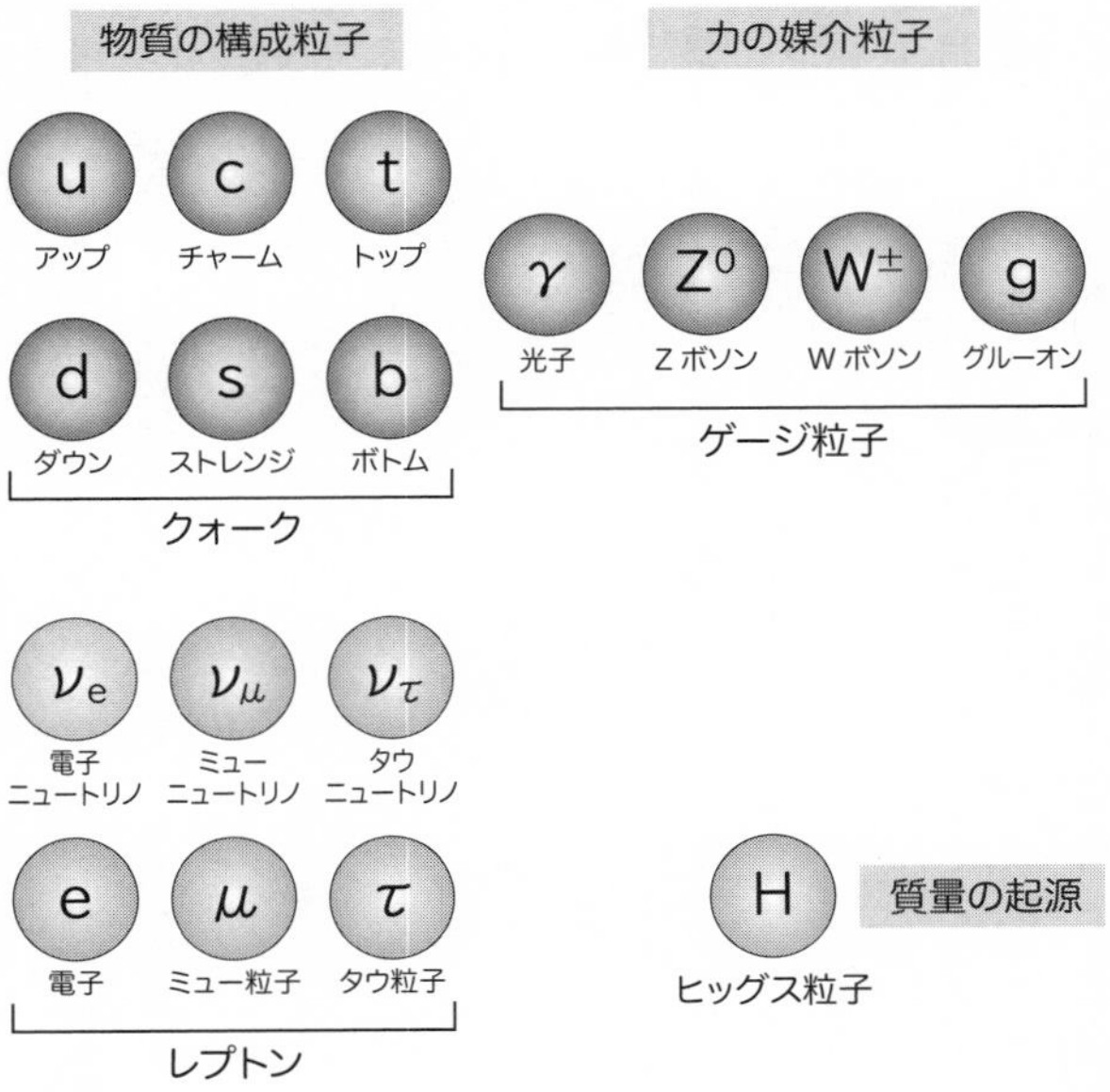
物質の構成粒子
u
アップ
c
チャーム
t
トップ
d
ダウン
s
ストレンジ
b
ボトム
クォーク
ν_e
電子
ニュートリノ
ν_μ
ミュー
ニュートリノ
ν_τ
タウ
ニュートリノ
e
電子
μ
ミュー粒子
τ
タウ粒子
レプトン
力の媒介粒子
γ
光子
Z^0
Z ボソン
$W^\pm$
W ボソン
g
グルーオン
ゲージ粒子
H
質量の起源
ヒッグス粒子

は説明できないため、まだ完全な「究極理論」ではないと考えられている。

そして、その究極理論の候補として注目されているのが、物質の基本構成要素は粒子ではなく「ひも」だと考える超ひも理論であるが、まだ完成しているわけではない。

［1］**宇宙論と宇宙物理学**：しばしば誤解されることがあるが、宇宙論は宇宙物理学とは同じではない。宇宙そのものの起源と進化を研究するのが宇宙論であり、より広い宇宙物理学あるいは天文学の一分野をさす。

［2］**物理定数**：物理法則には定数が伴っている。例えば、光速度不変の原理には、光の速度c、ニュートンの万有引力の法則には、ニュートンの重力定数G、不確定性原理にはプランク定数h、など。これらの定数の数値が、現実の宇宙に特徴的なスケールを決めることになる。宇宙の自然な大きさが10^{-33}センチであると述べたが、これは、cとGとhを組み合わせてできる長さの次元を持つ量の数値に対応しており、プランク長さと呼ばれている。

［3］**特殊相対論と光速度**：アインシュタインは1905年に特殊相対論を発表した。これは、真空中の光の速度は座標系によらず一定であること、すべての慣性系（静止または等速運動をする座標系）では同じように物理法則が成り立つ、という二つの原理を出発点とした理論である。あらゆる情報は光の速度よりも速く伝わることはありえない。真空中の光の速さは秒速30万キロメートルである。

[4] **世界の記述の限界**：古典力学では、粒子の位置と運動量はどちらも同時に無限の精度で測定できる。しかしながら、量子力学においては、それが不可能であることが示され、最初の発見者の名前をとってハイゼンベルクの不確定性関係とも呼ばれる。具体的には位置の不定性をΔx、運動量の不定性をΔpとしたとき、その積がプランク定数$\hbar=1.05\times10^{-34}$Jsの半分より大きくなければならないという不等式が成り立つ。これは測定に付随した限界ではなく、量子論の世界が内在している本質的な限界である。

[5] **人間の知性の限界**：ひょっとするとやがて突然変異によって、我々人類よりもはるかに優れた知性を持つスーパー人類が誕生し、悲しいことに現人類は駆逐されてしまうかもしれない。昨今のＡＩの飛躍的進展を考えると、将来人類を駆逐するのは生物ではなく、無生物のコンピュータ群である可能性もある。

[6] **超新星（爆発）**：太陽よりも大質量の恒星がその寿命を終えるときに起こす爆発。特に太陽の8倍から20倍の恒星が燃え尽きると、もはやその重力を支えきれなくなり急速に収縮し中心部に中性子星を形成する（Ⅱ型超新星爆発）と考えられている。

[7] **中性子量とパルサー**：中性子星からは、極めて規則的な時間周期で電波が届く。これを電波パルスと呼び、それを発する天体はパルサーと名付けられたが、その後その正体が中性子星であることが明らかとなった。

「宇宙は点から始まった」の真偽

ビッグバンは爆発ではない

宇宙は点が爆発して始まった。

いわゆるビッグバンの説明としてこのような記述を見かけることが多い。そこには、「宇宙はビッグバンから誕生した」、「ビッグバンは爆発現象だ」、「宇宙はかつて点であった」という三つの主張が含まれている。しかしこれらは控えめに言っても誤解を与える表現、端的に言えば、間違いである。

まず、宇宙がいかにして誕生したのかは全くわかっていない。次に、ビッグバンは、バン（bang）という英単語が用いられているにもかかわらず爆発ではない。しかし、宇宙は

「誕生直後に」極めて高温かつ高密度の状態を経験したことは確実だ。そして、「その状態」をさしてビッグバンと呼ぶのが普通である。最後に、宇宙を過去に遡ると、その体積は0になる、すなわち「数学的な意味での」点であると考える根拠は間違っている（その結論が間違っているかどうかまでは未だ断言はできないとしても）。

その理由は、「無限大」と「0」がわかったようでいて本当はよくわからない概念であることに起因する。今回は、最後の「宇宙はかつて点だった」という広く流布しているとおぼしきこの宇宙最大の誤解の周辺を掘り下げてみたい。

夜空はなぜ暗いのか

まず手始めに、有名なオルバースのパラドクスから始めよう。これは「夜空はなぜ暗いのか」という疑問である。「夜は太陽がないのだから暗いに決まっている」と訝《いぶか》しく思う方が大多数であろう。しかしその程度の答えで納得できるなら、オルバースのパラドクスなどという大仰な名前がつけられているはずはない。

夜空を眺めると数多くの星が見える。もちろん、近くにある星は明るく、遠くにある星は暗い。だから、遠くにある星はやがて見えなくなるだろう。したがって、夜空は近くにあ

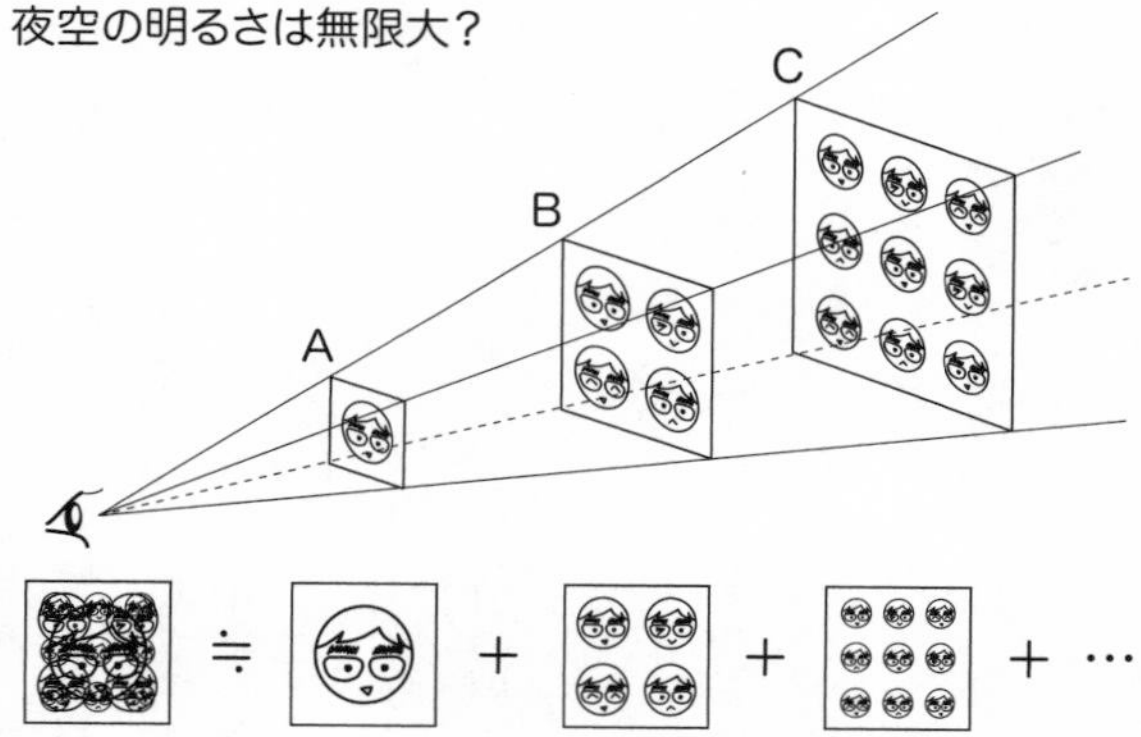

る星以外は見えず基本的には真っ暗になるはず……完璧だ。どこにもおかしい点は見当たらない。

しかし、真面目に検討してみると、夜空は暗いどころかまばゆいばかりに光り輝いているはずだという結論に至るのだ。そのレベルに達することなしには、夜空が暗い事実が示している深い真理を味わい酔いしれることなど不可能だ。

では、一体どこが間違っているのだろう。先述の説明は、ある一つの星に着目する限り正しい。しかし、遠くに行けば行くほど星の数が増えるという事実を見逃している。もう少し丁寧に述べるために、一つの星に注目するのではなく、夜空のある正方形の領域に注目する。その領域に入る星の数が距離とともにどう変化するのかが鍵である。

夜空の上で正方形に見える領域は、奥行きを含めた3次元空間で考えればその形状は四角錐《しかくすい》のようにずっと遠くまで伸び続けている。念のために以下の文章と右ページの図を照らし合わせながらじっくり考えていただきたい。

話を単純にするために、その四角錐の奥行き方向を層状に重なった無数の平面の集まりで近似してみよう。そのうちの一つの平面Aに1個の星[1]があるとする。我々からAまでの距離の2倍だけ離れた場所にある平面Bは夜空の上ではAと同じ大きさに見えるが、実際の面積はAの4倍である。したがってそこには平均的にAの4倍となる4個の星が存在しているはず。ただし、それぞれの星の見かけ上の面積と明るさは、いずれもAの星の4分の1になる（見かけの明るさは距離の2乗に反比例するため）。

その結果、平面Bの見かけの平均的明るさ、すなわち、平面Bに分布する4つの星の見かけの明るさを合計した値は、（1/4）×4＝1となり、平面Aの見かけの明るさと同じである。同様に、距離が平面Aまでの3倍となる平面Cには、9分の1の大きさの星が9個存在するため、その見かけの平均的明るさもまた、平面AおよびBと同じである。

これらの例からわかるように、奥行き方向に無数に存在するはずのそれぞれの平面の見かけの平均の明るさは、その距離には無関係となる。我々が観測する夜空の明るさは、これらの無数の平面の見かけの明るさを奥行き方向に足し合わせたものとなる。これを式に

すれば

$$1+1+1+1+1+1+\cdots=\text{無限大}$$

となり、夜空は暗いどころか、無限大の明るさで輝いているという結論が導かれてしまうのである。

これは先の図が示すように、遠くの星々はそれぞれが暗くなる代わりにその効果をちょうど相殺するだけ数が増えて観測される結果である。つまり、見かけ上、夜空のあらゆる場所が星々によって埋め尽くされてしまうはずなのだ。これがオルバースのパラドクスである。言うまでもなく、この理論的予測は誰もが知っている夜空が暗いという事実と完全に矛盾する。さて、なぜだろう。

宇宙の果ては観測できない

オルバースのパラドクスの魅力は、今まで疑ったこともないほど当たり前に思える事実が実は論理的に矛盾してそうなこと、そしてその矛盾の解決には深遠な事実が絡んでいること、の2点であろう。実際にはそこに複数の要因が関わっているのだが[2]、もっとも重要な原因は、ある距離より先には星がないため、右ページの式の「…」の部分の足し算は無限に続くのではなくどこかで打ち止めになっていることである。

こう聞くと、「なるほど、宇宙は有限で端があるのか」と早合点《はやがてん》してしまう読者がいるかもしれない。でもそうではない。宇宙が空間的には無限に広がっていたとしても（少なくとも観測的にはそれと矛盾しない）、光は有限の速度で伝わっているため、宇宙誕生以来、我々が観測できる光の到達範囲は有限であるためだ。言い換えると、宇宙は無限の過去から存在しているのではなく、ある時刻（今から約138億年前）に始まったからである。

「遠くの宇宙は昔の宇宙」という表現を耳にしたことがあるかもしれない。我々が現在見る夜空に浮かぶ星々は、その距離に応じて異なる時刻に発せられた姿の重ね合わせになっている。例えば、先ほど登場した平面A、B、Cまでの距離が、それぞれ1光年、2光年、3光年だとすれば、現在我々が見るそれらの星はそれぞれ今から1年前、2年前、3年前の過去の姿を重ね合わせたものである。

この一連の平面をさらに過去に辿っていけば、やがては宇宙の年齢である138億年前の平面に行きつく。実際にはそれより遠くにも同様の平面は連綿と続いている。しかし、それらから発せられた光が我々に届くためには138億年以上の時間が必要となる。したがって、現在の我々にはまだ観測することができないため、より遠方に輝く星があろうとなかろうと結果には関係ない（さらに、そのような過去にはまだ星は生まれていない）。

光が進む速度が有限であることと、宇宙には始まりがあること。この二つの結果として、我々が観測できる宇宙の体積は有限となり、夜空を埋め尽くす星の数もまた有限となる。それこそが夜空が暗い理由なのである。その不思議さに気づき悩まれた方がほとんどいないと思われる夜空の暗さには、これほど重要な真理が潜んでいたのである。

私は講演会の枕で、「目は閉じられるのになぜ耳は閉じられないのか」、「眉毛はなぜあるのか」あたりを使うことが多い[3]。これらはあまりに当たり前過ぎて考えたこともないにもかかわらず、実は不思議な事実が身の回りに転がっていることを示す好例だからである。しかしながらそれらに対する答えはさすがに、「夜空が暗い」というオルバースのパラドクスから導かれた「宇宙には始まりがある」、「光は有限の速さでしか伝わらない」というとてつもなく深い科学的真理とは比べものになるまい。

結局、宇宙は有限か無限か

さて、先述の説明に登場した今から138億年前に発した光を含む平面はいわば「現在の我々が観測できる宇宙の限界」に対応する。この考察を、全天に広げれば、この限界は我々を中心とする半径138億光年の球面となる。しかしながらこれは宇宙に果てがあり、有限のサイズを持っていることは意味しない。それどころか宇宙には果てがなく無限の体積を持つと考えられている[4]。

にもかかわらず、一般解説書には、宇宙の大きさは3000メガパーセクだとか、宇宙は光が138億年の間に到達できる半径を持つ、とか書かれていることが多い。「宇宙は有限なのか、無限なのか、はっきりしろ」と怒りを覚える方がいらっしゃるのも当然である。

この混乱の元凶は、「我々が現在観測できる宇宙」と「観測できるかどうかに関係なくその外に広がっている宇宙」という二つの異なる概念を明確に区別せずに説明しているためだ。その違いはとても大切であるにもかかわらず、説明し始めるとそれだけで講演会が終わってしまうほど時間がかかる可能性がある。そのため、「くどくなくわかりやすい」説明を心がける大多数の専門家は、暗黙のうちに「我々が現在観測できる宇宙」という意味で単に「宇宙」という単語を用いている。このような専門家の善意が、宇宙ファンの多くの方々を混乱させているようだ。

そこでとりあえず、ある講演会のあとで寄せられた質問「宇宙の大きさはどの位ですか」に対する、私のくどくてわかりにくいものの実直な回答を紹介しておこう。

現在の標準的宇宙論では、宇宙は無限に広がっており果てもないと解釈されています。その意味において、宇宙の大きさは無限大です。ただし、天文学者が単純に「宇宙」と呼ぶ場合、それは「我々が現在（原理的に）観測できる領域の宇宙」（地平線球）をさすことがほとんどです。その意味での宇宙の大きさ、すなわち「我々を中心として、現在観測できる宇宙」の半径は、宇宙誕生以来138億年の間に光が進む距離となります。大まかには138億光年と考えて十分なのですが、宇宙が膨張している効果を考慮してより正確に計算すると約470億光年になります。

実はこれこそが冒頭の「宇宙は点が爆発して始まった」という単純な言い回しを誤解してしまう原因でもある。「現在我々が観測できる領域内の宇宙の体積を138億年前の宇宙誕生の瞬間まで遡れば（ほとんど）点とみなせるほど小さくなる」と丁寧に言い換えるならば、科学的裏付けのある正しい結論である。

空間体積が有限の宇宙（地平線球）と無限の宇宙

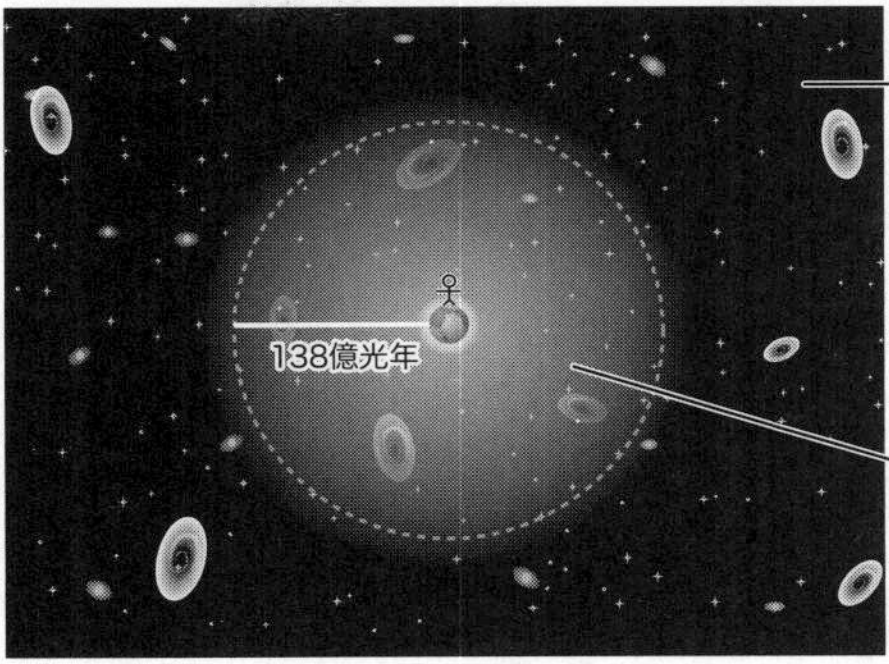

しかし、我々が現在観測できない宇宙（マルチバース と考えてもよい）までを含めるならば、決してそれは正しいとは言えない。その外にある宇宙が現在無限に広がっているとすれば、過去に遡ってもやはり無限に広がっているはずで、少なくとも我々が考えるような意味の点ではない。

冒頭のビッグバンに関する説明、「宇宙は点が爆発して始まった」は、より正確には次のように置き換えるべきである。

我々が現在観測できる半径138億光年内の宇宙は、138億年前にはサイズが極めて小さい体積の、高温かつ高密度の状態にあった。しかし、宇宙全体はその領域を超えてはるかに広がっており、無限の体積を持っていたと考えても、現在の観測事実とは

矛盾しない。ただし、数学的な意味での無限大の体積を持つ宇宙が、物理的に実在するかどうかは、直接観測で証明できるものではなく、むしろ哲学的な問題に帰着する。

夜道が怖い天文学者

今回の話は、少し難しかったかもしれないので、おまけとして肩のこらない小噺《こばなし》を紹介して終わりとしたい。

私は自他ともに認める「星座と星の名前を全く知らない天文学者」である。[5] 先日、かつて某天文台の台長をされていた天文学者とビールを飲んでいた際に、彼もまた私と同じく星の名前をほとんど知らず肩身の狭い人生を過ごしてきたことを知り、意気投合した。

それどころか、星の名前を質問される可能性が著しく高まることが危惧される夜には、「天文学者以外」の一般の方々と外出することは極力控えてきたとまで言うのである。確かに世間には、天文学者は星や星座の名前はすべて知り尽くしている、という誤解が蔓延《まんえん》していそうだ。しかし、正直に告白するならば、私が自信を持って答えられるのは、太陽と月だけなのだ。

オルバースのパラドクスがパラドクスではなく、夜空がまばゆく輝くような世界に住んでいたとすれば、星の名前を知らない我々のような天文学者（自称）も夜間（正確には夜ではないだろうが）堂々と外出できたはずだ。[6]

しかしそのような悩みを吐露した会話の直後、彼が誇らしげに取り出して見せたのはスマートフォーン。その中の無料アプリを使えば、スマートフォーンを向けている方角にある星々がたちどころに名前付きで画面上に表示されるという。おかげで今や、彼は街灯のない暗い夜道を、天文学者以外の方々とでも安心してうろつけるようになったそうだ。[7]

コラム

時空の次元

物理学では「次元」は異なる二つの意味で用いられる。一つは、長さ、質量、時間、などといった物理量が持つ単位の意味で、もう一つは、点の位置を指定するために必要なパラメータ（自由度）の数の意味である。後者に対応する「時空の次元」の意味を、以下説明しておこう。

【0次元空間】点

一つの点だけからなる空間の場合、点の位置を指定するパラメータは不要なので0次元空間となる。

【1次元空間】線

線上の点は、一つのパラメータの値で指定される。直線だけでなく、円も、中心周りの角度の値を決めるとその円周上の点が決まるため1次元空間の例となる。

【2次元空間】面

（x、y）の二つのパラメータ（座標）の値を決めれば、対応する点が一つ決まるのが平面である。球の表面も緯度と経度の値を決めれば対応する点が定まるので2次元球面と呼ばれ、2次元空間の例となる。

【3次元空間】立体

同じく（x、y、z）の三つのパラメータ（座標）の値を決めれば対応する点が一つ決まるのが3次元空間である。2次元の平面と球面の例からもわかるように、3次元空間も平坦なユークリッド空間のみならず曲がった空間であってもよい。ただし、これを頭の中で思い描くことは容易ではない（私にはできないが、一部の数学者はできるらしい）。

空間の次元の例

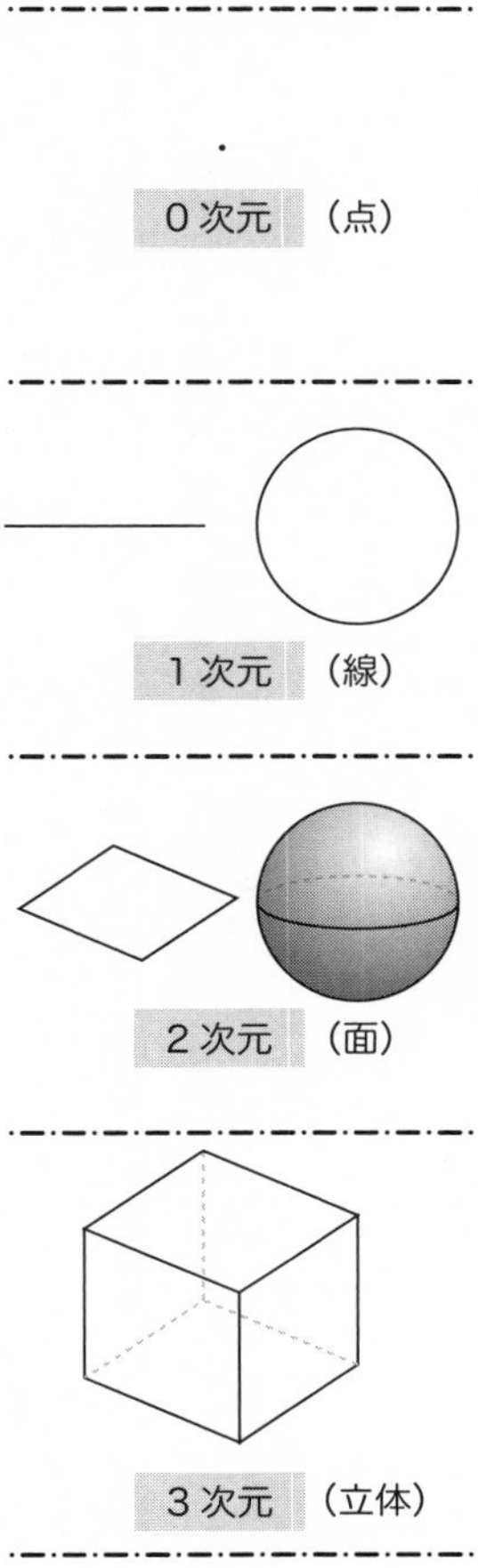

［4次元時空］ 3次元空間＋時間

曲がった3次元空間と時間を組み合わせた4次元時空（リーマン時空と呼ばれる）がこの世界を記述する基礎だと考えるのが一般相対論である。これに対して、平坦な3次元空間と時間を組み合わせた4次元時空（ミンコフスキー時空と呼ばれる）に基づいた理論が特殊相対論である。

高次元時空

数学的には、4以上の次元を持つ空間も考えられる。それどころか超ひも理論では、10次元空間に時間を加えた11次元時空が前提となっている。

［1］ **星と銀河**：わかりやすいように、ここではあえて「星」を用いて説明するが、より正確には星ではなく「銀河」をさすと解釈するほうが適切である。我々が見る夜空の「星」は、基本的には我々が住む天の川銀河の中にある星に限られている。したがって、天の川銀河の大きさを超えた宇宙空間には、その意味での「星」はもはや存在しない。その代わりに宇宙全体を満たしている天体の代表は、星が

100億個以上集まってできている「銀河」という種族である。以下の議論で「星」を「銀河」に置き換えれば、オルバースのパラドクスは全く同様に導かれる。

［2］**オルバースのパラドクスの解説書**：ここでの説明は大幅に簡略化してある。オルバースのパラドクスに関する詳細な歴史的および科学的説明は、エドワード・ハリソン『夜空はなぜ暗い？——オルバースのパラドックスと宇宙論の変遷』（長沢工監訳、地人書館、2004年）に詳しい。

［3］**目は閉じられるのになぜ耳は閉じられないのか**：ご存じの方も多いと思われるが、前者は寺田寅彦の有名な言葉（例えば岩波文庫版『柿の種』）をパクっただけである。後者に誰か言い出しっぺがいるのかどうかは知らないが、有史以来数えきれないほどの人々が悩み続けてきた人類進化論における哲学的疑問であることには間違いない。ちなみに私は「眉毛がないと顔にしまりがなくなるから」説派である（「汗が目に入らないように」説もあるようだが、科学的説得力を欠いていると判断する）。かつては意図的に眉毛を剃り上げているとおぼしき人が街を闊歩《かっぽ》していた時代もあり、この説の危機が叫ばれたこともあった。しかし最近はいったん剃った上で再度描き直す風潮が蔓延しているらしく、この説の進化論的自然淘汰が検証され、息を吹き返している感がある。まことに嬉しい限りである。

［4］**宇宙は無限に広がっている？**：学者的にもう少し厳密に表現し直せば、これは現在のあらゆる観測事実は「宇宙は果てがなく無限の体積を持つ」という仮説と矛盾しないという意味であり、宇宙の体積が無限大であることが証明されているわけではない。

［5］**星の名前を知らない天文学者**：そんな人間が、自分を天文学者と称していいのかどうかはわからないので、天文学者（自称）としておくべきかもしれない。ニュースや新聞で、逮捕された容疑者に、自称

会社員や、自称フリーターといった職業が付与されていることがあるので、その程度の意味だと解釈しておいてもらえればよい。

［6］**夜がないと失職する天文学者：**しかしその場合、夜であろうと星を観測できなくなる。とすれば、そもそも天文学者という職業が存在しうるかどうかは疑問である。

［7］**スマホの告白：**当時、スマホどころかガラケーすら持っていなかった意識高い系の私は、彼の転向に落胆させられた。しかし、新型コロナが蔓延した社会において、スマホを持っていないため多大の不利益を被った結果、私もついにスマホを持つようになってしまった。未だ、天体アプリはインストールしていないものの、精神的安定が確保できたのも事実である。ただし、私の転向を堕落だとして強く糾弾する友人もいる。

アインシュタインと歴史のいたずら

20世紀を代表する物理学者として、ダントツの知名度を誇るのは何と言ってもアインシュタインだ。本書でも、彼が発見した一般相対論に関する話題がしばしば登場する。ここではやや視点を変えて、アインシュタインにまつわるあまり知られていないと思われるエピソードとして、著名な天文学者だったエディントン、そしてアマチュア科学ファンのマンドルとの関わりを紹介しておこう。

一般相対論を証明した男

とある国際会議の夕食会で、隣に座った著名な英国人天文学者としゃべっていたときのこと。何かの拍子で「アインシュタインの一般相対論を有名にした日食観測は、実はその観測隊長だったエディントンの兵役免除を狙ったものだった」と教えてもらった。元ネタは、同じく英国の宇宙論学者であるピーター・コールズ氏の著書らしい[1]。当時私は、一般相対論の入門的な教科書を出版した直後でもあり、とても興味をそそられた。

実際、多くの一般相対論の教科書や啓蒙書には、次のような有名な「事実」が述べられている[2]。

アインシュタインが1915年に一般相対論を発表すると、当時ケンブリッジ大学教授であったアーサー・エディントンは即座にその重要性を理解した。彼は一般相対論が予言する「光の経路が重力の影響を受けて曲がる」現象を検証するべく、1919年5月29日にアフリカの西海岸沖にあるプリンシペ島で日食観測を行い、その正しさを見事に証明した。

その原理は単純である。互いに近接した星々の天球上での相対的な位置を、手前に太陽がある（太陽の重力でその星からの光が曲がる）場合と、ない場合で比較するだけだ（左ページの図参照）。といっても、太陽と同じ側にある背後の星々は、通常は太陽の光に埋もれて

日食時の光の湾曲を用いた一般相対論の検証

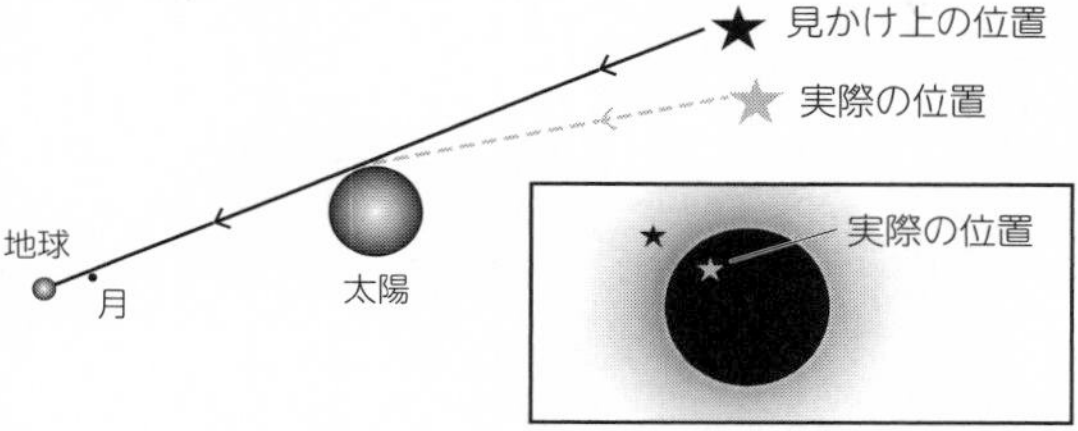

日食時に地球から見える
星の位置

しまうので観測できない。その例外が日食中のわずかな時間である。さらに日食後数カ月もすれば、地球の公転のおかげでそれらの星々は太陽がない夜に、太陽の重力の影響を受けない実際の位置が観測できるようになる。これを参照用のデータとして、日食中の位置データと比較し、その位置のズレを測定すればよい。

一般相対論の予言そのものは理解困難だとしても、この日食を用いた光の湾曲観測はわかりやすく、しかもショー的要素に富んでいる。おかげで一般相対論を「証明」したエディントンの発見は、たちまち新聞に大々的に取り上げられ、そのニュースが世界中を駆け巡った。アインシュタインが世界でもっとも有名な物理学者となった理由は、まさにこのエディントンによる観測のおかげだったのである。

ニュートン理論でも光は曲がる

ところで、より厳密性を重んずる誠実な教科書であれば、次の類の説明が加えられているかもしれない。[3]

実は、(質量がないために本来は適用できないはずの光に対して)ニュートン理論を無理やり応用すれば、同じく光の経路が湾曲するという結果が導かれる。ただしニュートン理論に基づく光の曲がり角《かく》は、一般相対論による(正しい)予言値の半分でしかない。

言い換えれば、エディントンの日食観測は、光の経路が曲がるかどうか自体を調べるのではなく、観測された曲がり角がどちらの予言値と一致するのかという定量的な検証を目的としていたのだ。

しかし、写真乾板(感光のための乳剤を塗布したガラス板)を用いて記録していた当時、望遠鏡の場所の精度、現像処理、乳剤の一様性、温度変化による乾板の膨張・収縮などのため、数カ月離れた時刻に別の場所で行われた観測結果からこの曲がり角を正確に決定することは容易ではない。このため、エディントンが得た観測データとその解釈の信頼性には当時から疑問が呈されていた。
ただし言うまでもないが、それ以降のより精密な測定、とりわけ電波を用いた観測によって、一般相対論の予言の正しさは今ではほぼ完全に証明されている。

一方、以下に紹介するエディントンにまつわる複雑な個人的事情を記述している本（少なくとも教科書）を見たことはない。[4] そもそも科学者は、完成した体系は原典ではなくそれらを再構成した教科書を通じて学ぶのが普通である。例えば一般相対論に関するアインシュタインの原論文を読んだことがある物理学者（物理史学者ではなく）にはほとんどお目にかかったことはない。[5] 教科書では、当時の試行錯誤やエピソードは省略されてしまうので、正しい歴史は消え去り、せいぜい歪められた形で伝えられる運命にあるのだ（無論これは科学史に限った話ではない）。

ボロボロだった観測

エディントンは数多くの業績をあげた著名な英国の天文学者である。わずか30歳で、英国の天文学界でもっとも権威のあるケンブリッジ大学プルミアン教授職に就き、さらに2

年後の1914年にはケンブリッジ天文台長となっている。

アインシュタインが一般相対論に関する一連の論文を発表した1914年から1916年は第一次世界大戦のさなかで、英国はドイツと交戦中であった。しかし、エディントンは中立国であったオランダの天文学者ド・ジッターを通じて、アインシュタインの原論文を入手できたのである。

直ちにその理論に魅せられた彼は1917年、光の経路の湾曲の測定を通じて一般相対論を検証する重要性を王立天文学会に提案した。当時グリニッジ天文台長であったフランク・ダイソンは、1919年5月29日の皆既日食がその測定に最適であることに気づき、エディントンをアフリカ西海岸沖のプリンシペ島に、アンドリュー・クロメリンをブラジルのソブラルに派遣し、異なる2カ所で測定を行う計画を立てた。

ここまでは順調だった。しかし、深刻な問題が起きる。戦争が激しくなった1917年、英国でも徴兵が始まり、当時34歳のエディントンはまさに該当者となったのだ。ところが彼はクエーカー信徒[6]であり、その中心的信条である平和主義に基づいて良心的兵役拒否者であることを明言していた。

一方、オックスブリッジのエリート達は真っ先に国のために戦うべし、というのが当時の英国の世論の大勢。ダイソンをはじめとするケンブリッジの著名な学者達が「エディントンのような優れた学者を戦争で失うことこそ英国の国益を損なうものだ」と、英国内務省に働きかけ、なんとか妥協を取り付ける。それが「戦争が1919年5月29日までに終結した場合、エディントンはプリンシペの日食観測隊を引率するべし」という条件のもとでの兵役延期だった。

実際にプリンシペで1919年5月に観測を実施するには、遅くとも1919年2月までに英国を出発せねばならない。これに対してドイツとの休戦協定が結ばれたのは1918年11月。まさにギリギリのタイミングだった。しかも、観測当日、プリンシペの空は暗雲が垂れ込め、雲の合間からぼんやり太陽が現れたわずかな間隙に何とか皆既日食が観測できた程度。さらに、当地の蒸気船のストライキの影響で、エディントンは予定を変更し観測終了後早々と帰国せざるをえなかった。

このため、プリンシペに残って太陽が昇っていない時期の空の星々の参照用データを撮影することはできず、かつてオックスフォードで撮影したデータで代用せざるをえなかった。端的に言えば、天文観測の信頼度という観点からはボロボロである。

それはさておき、これらの観測データの解析結果は、1919年11月6日、ロンドンの会議で発表された。(もちろん）彼らの結論は、ニュートン理論ではなく、一般相対論の正しさに軍配を上げた。ただし、上述のようにプリンシペのデータには数多くの問題があった。さらに、天候に恵まれたはずのソブラルでも、測定時の設定ミスのためピントがずれた口径25センチの望遠鏡のデータは無視され、本来バックアップ用に持ち込んだ小口径10センチの小さな望遠鏡のデータのみが用いられた。しかも、無視した25センチのデータはむしろニュートン理論の予言に近いものだったため、エディントンは意図的にこれを取り除いたのではないかという疑問を持つ学者もいた。

このように書くと、通常、一般相対論をめぐる劇的サクセスストーリーとして有名な日食観測にも、何やら怪しさが立ちこめてくる。昨今話題となっている、科学者倫理や不正といった問題も頭をよぎる。ただし、これ以上の解釈は科学史の専門家の方々にお任せしたい。

アインシュタインの強運

ところで、これに関連した歴史のいたずらがもう一つある。1911年、アインシュタインは、未完成であった一般相対論を部分的に用いることで、光の曲がり角を計算した。

ただしその結論は間違っており、正しい値の半分、すなわちニュートン理論に基づく予言値と一致していた。

運良くあるいは運悪く、1912年にアルゼンチンの日食観測隊がブラジルで光の湾曲を測定する予定であったが、悪天候のため何も観測できなかった。また1914年にはドイツがクリミアへ日食観測隊を派遣したのだが、ちょうど第一次世界大戦が勃発し、やはり観測はできなかった。これらとは逆に、仮に1918年に第一次世界大戦の休戦協定が結ばれていなかったとしたら、エディントンは日食観測に出発するどころか、戦場で命を失っていたかもしれない。

これらすべてが、結果的にはアインシュタインにとっては極めて幸運な偶然として働いた。仮に1912年あるいは1914年の日食観測が成功していたら、その値は当時のアインシュタインの間違った予言を否定していたのだろうか。その場合、その後のアインシュタインはいかなる評価を得たのだろう。

歴史とは本当に気まぐれなものである。アインシュタインは強運の持ち主でもあったようだ。

重力レンズ論文の不思議な書き出し

太陽のような単独の星の重力だけでは、光の曲がり角はきわめて小さい。しかし、100億個以上の星の集団である銀河の場合には、その重力がはるかに大きくなり、その背後にある遠方天体から発せられた光の曲がり角が大きくなる。そのため、その天体の見かけ上の位置のズレの検出はずっと容易である。

のみならず、別の方向に進んだはずの光が曲げられて我々が分離して観測できることもある。その場合、本来は一つの天体が見かけ上異なる複数の像として見えてしまう。これは（強い）重力レンズ効果と呼ばれ、1979年に初めて観測的に確認された。今では、数百個の重力レンズ多重像を示す天体が知られており、重力レンズ天文学という一つの分野が確立しているほどだ。

私は重力レンズ天文学をはじめとした一般相対論の天文学的応用をまとめた教科書[7]を出版した際、表紙にアインシュタインの重力レンズに関する初めての論文[8]を使おうと思い立った。その論文が出版されたのは1936年。重力レンズの原理はまさに1919年に実証された光の湾曲そのものであるにもかかわらず、その単純な応用とも言える論文が出版されるのになぜ20年近くもかかったのか、長い間不思議に思っていた。さらにそれ以上に奇妙なのは、その論文の冒頭の一文である。

しばらく前、マンドル氏が私を訪ねてきて、かつて彼に依頼されて私が行ったちょっとした計算結果を出版するよう求めてきた。この論文は彼の希望に応じたものである。

実質1ページ程度のごく短い論文とはいえ、このようなおかしな書き出しで始まる学術論文は後にも先にも見たことがない。果たしてこのマンドル氏とは何者なのか。インターネットで検索したところ、まさにドンピシャの記事[9]を見つけた。おかげで、この論文が誕生した事情が以下の通りであることを知った。

アインシュタインにつきまとった男

ルディ・マンドルは、科学全般に興味を持つチェコ出身の技術者だった。「一般相対論に関連したあるアイディア」を思いつき、それをなんとか自分で出版したいと考えた。そのために、なんとコンプトンやミリカンといった錚々《そうそう》たるノーベル賞物理学者達に直接面

52億光年先にある銀河（SDSS J1148+1930）によって重力レンズ効果を受けた103億光年先の銀河のアインシュタインリング像

会し、議論することを試みたらしい。

しかし、彼らからは「今ちょっと忙しいので」とか「それは私の専門ではありませんので」といった丁重な常套句が返ってくるばかり（彼らの気持ちは十分理解できる）。

１９３６年の春、彼はついにワシントンにある米国科学アカデミーの科学広報部を訪れ、プロの天文学者たちを説得し自分のアイディアを出版する後押しをお願いできる人物を紹介してもらえるよう依頼した。

ここまでは、ありそうな話である。ただし、信じがたいのは、その広報部の対応である。それならアインシュタインが適任だと述べ（確かに彼以上の適任者はいないだろう）、何とワシントンからプリンストンへの旅費まで支給したというのである。もしも私なら「担当者が自分に何の相談もなしに勝手にそんなことをしていいのか」と怒るところだが、さすがはアインシュタイン。１９３６年4月17日に訪ねてきたマンドルの話を、辛抱強く聞いてあげたのだ。

マンドルのアイディアの本質は、現在重力レンズとして知られているものと同じである。「遠方の星」から発せられた光は、その星と観測者である我々の途中にある「手前の星」の強い重力を受けて曲がり、遠方の星に対応する複数の異なる像を生むことがある。さらに「遠方の星」と「手前の星」が偶然、観測者の視線方向にほぼ一直線上に並んだ場合には、遠方の星は手前の天体を中心とした同心円を描く（これは現在、アインシュタインリングと呼ばれている。右ページの図参照）。また、通常のレンズの場合と同じく光が曲がって集められる結果、その像は重力レンズ効果を受けていない場合に比べてはるかに明るく輝いて見える。

マンドルのこれらのアイディアはいずれも正しいが、通常の星では重力が弱過ぎてアインシュタインリングは検出できない。現在数多く観測されているのは、「遠方の銀河あるいはクエーサーと呼ばれる遠方宇宙の巨大ブラックホール（当時は未発見）」が「手前の銀河」によって曲げられた結果としての重力レンズ像である。

しぶしぶ論文を書くことに

当時アインシュタインは重力レンズ現象の理論的な可能性にとっくに気づいていたものの、観測可能な系は現実的には存在せず、論文として発表する価値がないと考えていたらしい。にもかかわらず、マンドルの執拗《しつよう》な要請（面会のみならず、手紙でも繰り返し催促している）に負けて、ついに論文を出版することにしたのだった。

この論文が受理された際に、その論文誌の編集長に宛てたアインシュタインの返事が残っているが、その内容は

このつまらない論文の出版に関してご配慮いただき、本当にありがとうございました。これは、マンドル氏にせっつかれて仕方なく書いたものです。ほとんど価値はありませんが、あのあわれなマンドル氏は満足してくれるでしょう。

という、かなり辛辣なものだ。

以上の経緯は別として、ここまでであれば結局マンドルのほうが正しかったように思え

るかもしれない。ただ、それではいくらなんでもアインシュタインに失礼だ。公平性のためには、マンドルが思いついた「一般相対論に関連したあるアイディア」の全貌も紹介しておくべきだろう。

独創的な異次元の珍説

太陽程度の質量を持つ星は、中心に白色矮星《はくしょくわいせい》と呼ばれる天体を残し、その外側に大量のガスを放出して一生を終える。このガスは、中心の白色矮星から発せられる光に照らされ、リング状に輝いて見える(上図参照)。このような系は惑星状星雲と名付けられている(惑星という名前が冠されているが、惑星とは全く関係ない)。マンドルは、この惑星状星雲こそアインシュタインリングの例であり、重力レンズはすでに観測されているのだと考えた。とすれば、かつてもっと大規模な重力レンズによって、遠方天体の光が集光され大量の放射として地球上に降り注いだ時期があっても不思議ではない。その結

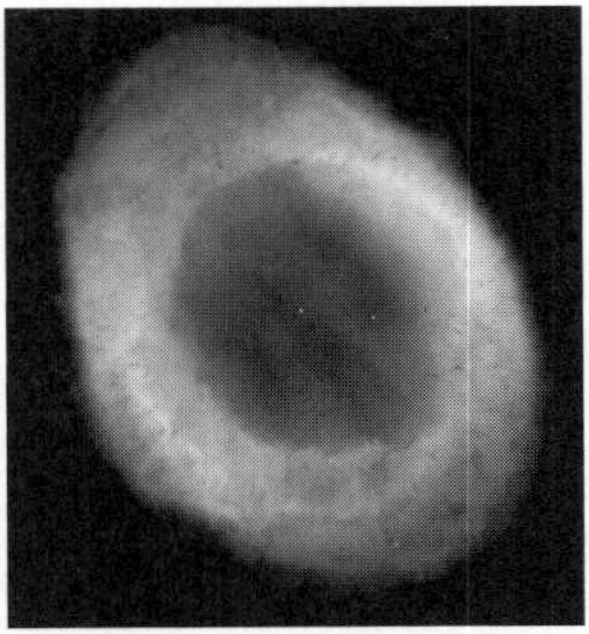

惑星状星雲メシエ57

果、地球上の生物は致命的な影響を受けて絶滅し、その後の自然淘汰によって次世代の新たな生物種を生み出す原因となったのではあるまいか。

このように、マンドルのアイディアは、単に一般相対論と天文学を結びつけただけではなく、地球の生物の大量絶滅と、生物進化の不連続性をも説明する壮大なシナリオだったのだ。

ここまで聞けば、マンドルと面談したノーベル賞学者のお歴々がドン引きしたとしても仕方ない。しかもアインシュタインとのやりとりの記録を読む限り、マンドルはかなり偏執的な性格だったようだ。ただそれを差し引いても、アインシュタインに重力レンズの論文を発表させたという意味において、マンドルが果たした「科学的」貢献は十分大きかったと評価すべきだろう[10]。

さて、一般の方々が抱く科学のイメージとは、優秀な学者が発見した難解な理論が精密な実験・観測によって証明されながら着実に発展するという、直線的進歩の歴史ではあるまいか。しかし現実には、無数の試行錯誤を経て（たまたま）生き残った理論だけが次世代に引き継がれる、言い換えれば、偶然と選択に大きく左右される側面も、決して無視できない。

そんな偶然など不要だと思われるアインシュタインですら、例外ではないようだ。科学者の研究成果を3年とか5年ごとに報告させ評価するといった近視眼的な制度が氾濫している。それは研究とは直線的に同じペースで進むはずだ、という誤った偏見に基づいている。そのような無駄な評価制度は即刻廃止して、より長い時間スケールでの試行錯誤の繰り返しを温かく見守ってもらえるような社会であってくれることを心から望みたい。

[1] **より正確には**：ただし次に詳しく述べるように、彼のこの発言はやや過大解釈かもしれない。兵役免除と大きく関係していたことは事実であるが、それを狙って提案されたとは言い過ぎだろう。

[2] **一般相対論を学ぶための教科書**：例えば、須藤靖『一般相対論入門』（日本評論社、2005年）。

[3] **誠実な教科書**：例えば、S. Weinberg "Gravitation and Cosmology" (Wiley, 1972).

[4] **アインシュタインとエディントン**：といっても、ここで紹介する記述の大半はP. Coles, arXiv:astro-ph/0102462をまとめたものに過ぎない。より詳細な議論に興味のある方は原論文および彼の著作 "Einstein and the Total Eclipse" (Cambridge University Press, 1999) をお読みいただきたい。また本稿は2016年に書いたものであるが、その後、出版されたマシュー・スタンレー『アインシュタインの戦争——相対論はいかにして国家主義に打ち克ったか』（水谷淳訳、新潮社、2020年）には、エデ

イントンの話が詳細に紹介されている。

[5] **アインシュタイン原論文の日本語訳**：もちろんすべての物理学者が私と同じく怠惰というわけではない。また、現在は以下の訳書を通じて、アインシュタインの原論文の一部が手軽に読めるようになっている。小玉英雄編訳・解説『アインシュタイン一般相対性理論』（岩波文庫、2023年）、須藤靖編『20世紀科学論文集 現代宇宙論の誕生』（岩波文庫、2022年）。

[6] **クエーカー（キリスト友会）**：17世紀にイングランドで設立された宗教団体Religious Society of Friendsをさす。

[7] **一般相対論を使うための教科書**：須藤靖『もうひとつの一般相対論入門』（日本評論社、2010年）。

[8] **アインシュタインによる重力レンズ論文**：A. Einstein "Lens-like Action of a Star by the Deviation of Light in the Gravitational Field", Science 84 (1936) 506.

[9] **今回の元ネタ論文**：J. Renn and T. Sauer "Eclipses of the stars-Mandl, Einstein, and the early history of gravitational lensing", https://www.mpiwg-berlin.mpg.de/Preprints/P160.PDF

[10] **念のための注意**：だからといって私個人はマンドル氏のような方の来訪を歓迎しているわけではない。決して誤解なきよう。

宇宙の5W1H——いつどこで誰が何をなぜどうやって

宇宙を科学的に哲学する

宇宙に存在するすべてのもの、さらには、宇宙そのものは物理法則に従っている。これは40年以上にわたり宇宙物理学を研究してきた自らの経験を通じて得た実感である。その信念は、前著[1]でもしつこく吐露している。

この世界の森羅万象の振る舞いをもとに、背後に潜む物理法則を突き止めるのが物理学の目的（の一つ）である。しかし、そもそも物理法則とは何かを気にし始めると、何もわかっていないことに唖然とさせられる。

むろんこれは年寄りの物理学者が陥りがちな症状である。科学の最先端に立っており、やるべきことが山積している若手研究者は、そんな不毛なことに悩んで無駄な時間を費やすべきではない。しかし一般の方々でも年齢が高くなればなるほど、この手の（よく言えば）哲学的疑問に魅力を感じがちなのもまた確かだ。

そこで、バリバリの若手研究者の方々が心置きなく研究に専念できるように、前期高齢者に突入した私が、まともな物理学者が避けがちなこの禁断の疑問について、思う存分語ってみたい。

まず、ウォーミングアップとして、「法律と法則はどう違うのか」から始めよう。何と言っても、両者はいずれも英語ではｌａｗ、フラス語ではｌｏｉであり、区別がない。[2]なんか当たり前のことをグダグダ述べていると思われるかもしれないが、実は結構奥が深い。法律を破ることはいとも簡単であるにもかかわらず、なぜ法則を破ることは不可能なのか。[3]法律はある種の価値観や倫理観を前提としており、その正当性には議論の余地がある。どう考えても納得できない法律はいくつも存在するし、だからこそ定期的に改正される。一方で、法則は問答無用であり、状況に応じて変更されるようなものではない。

これらはつまるところ、法律とは我々の心の中にゆるーく存在するものでしかないからだ。法律で禁止されていようといまいと、我々はそれとは無関係な行動を選択する自由度を持っている。だからこそ、法律を破った場合にどうなるかという罰則規定とセットで明文化されることで、その自由度を制約せざるをえないのだ。これは自然界を支配する物理法則の場合とは決定的に異なる。

以下、物理法則に内在するこれらの本質的不可解さを、5W1Hに沿って考えてみる。ちなみに、それらに対する現時点での科学的答えはいずれも「わからない」である。したがって、この先を読み進めても決して正解にたどり着くことはないので、期待は禁物である。あらかじめご容赦いただきたい。

When：物理法則はいつ生まれたのか?

我々が住むこの宇宙は今から138億年前に誕生した。ここで、「宇宙が先か、法則が先か」という疑問が生まれる。[4] 宇宙がいかにして生まれたかは、未解明の大難問であるが、物理学者はそれを物理法則（ここでは法則集とでも言うべき、複数の具体的な法則からなる一連の組をさして法則と略すことにする）を用いて説明しようとしている。したがって仮に「宇宙が先」で、その「後に」法則が生まれたとすれば、彼らの試みは完全に的はずれということになる。

「それでもいいじゃないか」と真顔で言われてしまうと困るものの、法則なしに誕生する宇宙というのもなかなか考えにくい。というわけで、宇宙が誕生した瞬間には（すでに）物理法則が存在していたことは確かだ（と思う）。

では「法則が先」、すなわち「宇宙が誕生する前からすでに法則は存在していた」と言えるのだろうか。これは次の「法則はどこにある」という問いに帰着するのだが、具体的な宇宙なしに概念的な法則だけがまさに「宙ぶらりん」に存在すると考えるのも、やっぱりなかなか落ち着かない。国土も住民もない仮想的国家が、そこで遵守されるべき憲法だけを備えているようなものである。

とすれば消去法的ではあるが、法則と宇宙は同時に生まれた、つまり法則と宇宙は「一心同体」という世界観を認めざるをえない。これは、マサチューセッツ工科大学の物理学者マックス・テグマークが提案したマルチバースの分類によれば、レベル4に対応する[5]。

ここで「宇宙が138億年前に誕生した」の意味を明確にしておく必要があろう。これは、現在知られている物理法則をそのまま外挿[6]すると、我々が観測できる宇宙を138億年前より過去に因果的に遡ることができない、という主張だ。

仮に、宇宙誕生時に存在していた物理法則が現在の外挿とはかけ離れたものであれば、「この宇宙が生まれる前の宇宙」という概念が意味を持つかもしれない。さらに、我々の宇宙とは因果的に関係を持たないような異なる宇宙の存在を認めるとするならば、「この宇宙が誕生する前の宇宙」の存在、そして無限の過去から存在する法則という可能性を否定することは困難となる。

というわけで、「物理法則はいつ生まれたのか?」に対する答えは、我々が現在理解している法則およびこの宇宙がどこまで唯一無二なのか、という問いとも密接に関係している。

Where:物理法則はどこにあるのか?

先に考察した「宇宙なしの法則」と「法則なしの宇宙」はいずれも、なかなか想像し難いし、説得力を持たないのではあるまいか。あまりいい喩えが思いつかないが、心身二元論的(つまり、心は身体とは異なる原理に従っている)に言えば「体のない意識」、「意識のない体」のようなものかもしれない。

言うまでもなく、私を含む科学者のほとんどは唯物論者であり、実体を伴わない意識の存在など論外だ。[7] それと同じく「宇宙なしの法則」が存在しないのも当然に思える。ただ一方で、脳死をどう解釈するかといった難しい問題を持ち出さずとも、単細胞生物に意識があるとは思えないので、それと対応させれば「法則なしの宇宙」があってもよさそうな気もする。この問題は、あとで再び考察することにして、ここでは宇宙と法則が常に共存していることを前提とした上で、より具体的に「この宇宙のどこに法則が刻まれているのか」という問いを考えてみたい。

法則はあらゆる場所で厳密に成り立っている。電子は、南極であろうと熱帯であろうと、全く同じ方程式に従う。直接試した人はいないものの、ケンタウルス座α星でも、アンドロメダ銀河でも、同じはずだ（でないと因果的に関係を持つ領域内で矛盾が生じてしまう）。しかし、もしも個々の電子の中に法則集が刻み込まれているとするならば、電子は膨大な情報量（自由度）を持つことになる。

そのような存在は、「素」粒子ではありえない。一方で、法則が宇宙のどこか特定の場所に保管されているとすれば、異なる場所にある電子がいちいちそれを参照するには時間がかかり過ぎて、法則に従って瞬時に正しく運動することは不可能である。

とすれば、般若心経を全身に書き込まれた耳なし芳一のように、宇宙のあらゆる場所に法則が刻まれていると考えざるをえない。[8] 例えば、一般相対論では、（外力を受けない）粒子は4次元時空の測地線と呼ばれる特別な軌跡を描く。[9] いわば、宇宙の各点各点で粒子は何も考えることなく気づいたら、法則（一般相対論）に従って運動してしまうように仕組まれているのだ。

このような一般相対論的記述は、物理学の幾何学化と表現されることがある。同様に、仮にすべての物理法則を宇宙の局所的な幾何学に帰すことができるとすれば、それはまさに「法則は宇宙のあらゆる場所に刻まれている」[10] という一見怪しげな主張の具体的な例となる。と同時に、単純化すれば「法則＝宇宙」という、146ページで述べたレベル4マルチバース的解釈につながるものでもある。

Who：物理法則は誰がつくったのか？

これは問い方自体がすでに怪しい。「誰が」と限定して聞かれてしまうと、人間でない超越的存在、つまり「神様」と答えるしかないだろう。しかし、「神様」の特徴を具体的に定義した上で、「どうすれば神様が存在しないことを証明できるか」という反証可能性[11] を提案しない限り、神様の存在は科学では取り扱えない問題、すなわち「不科学的[12]」命題でしかない。

とはいえ、映画『マトリックス』などでもお馴染みのように、この世界は実はコンピュータの中のメタバースに過ぎず、森羅万象は「神様＝プログラム」に支配されているという考えに、魅力を感じてしまう人たちも少なからずいるらしい。

私はしばしば「物理学とは、神を持ち出すことなくこの世界を理解しようとする試み」だと述べてきた。しかし、仮にこの世界を神なしに完全に説明する物理法則集を手中にしたとすれば、さらにより根源的な説明を求めたくなるのも当然だ。「物理法則は誰がつくったのか？」とは、そのようなメタな疑問の端的な例である。

複数の法則からなる法則集をより単純化し、基礎となる独立な法則の数を減らす試みはエンドレスである。宇宙の起源を問う試みは、「宇宙は無から誕生した」という結論に至らない限り終わるまい。同様に、「ある階層の物理法則集は、より根源的で上位にある階層の物理法則集から導かれる」という論理構造の追究も、結局は「法則はない」という禅問答的な結論に還元されない限り、無限ループから脱出できないのではあるまいか。というわけで念のために強調しておくが、定年となり時間に余裕がある人間以外は、そんな無限ループに落ち込んで人生を浪費してはなるまい。

とすれば、その途中であくまで象徴的に「神様」を持ち出すことで、(不毛な)無間地獄を避ける戦略も一つの見識なのかもしれない。ただし、個人的には決してお勧めしない。とりわけ、その「神様」に対して対価の支払いが要求される場合(世間でしばしば散見される)は論外である。

What・Why:物理法則は何をするのか、なぜ存在するのか?

法則を巡るWhatとWhyの問いは、すでに述べたWhen、Where、Whoの内容とある程度重複している。そこで、ここではそれらがカバーしていない「物理法則が存在する意味とは何か」という問いだと解釈してみよう。

それを理解するには、あえて「物理法則のない宇宙はどのようなものか」を考えてみればよい。Whereの箇所では「意識のない体」は、通常の活動をする人間(あるいは生物)の場合には想像し難いと述べたものの、無生物ならすべてが「意識のない物体」そのものだ。したがって、意識と法則、体と宇宙を対応させる比喩を外挿すれば、「法則のない宇宙」が存在したとしてもおかしくない。

しかし私の乏しい想像力によれば、「法則のない宇宙」とは、つまるところいかなる変化もありえない退屈な実体でしかない。あるいは逆に、そこで起こる出来事に再現性もなく、何でもあり、したがって予測不可能で論理的整合性を欠いた存在かもしれない。とすれば、我々が住む宇宙と同様に、何らかの整合性を保った進化[13]をする宇宙には、その指導原理としての物理法則の存在が必須なのではあるまいか。

結局単にトートロジーを繰り返しているだけかもしれないが、やや修辞的に言い換えるならば、法則の存在こそが宇宙を宇宙たらしめている、というわけである。そしてこの考えもまた、146ページで紹介した「法則＝宇宙」というレベル4マルチバース的信念を表明しているに過ぎないのかもしれない。

How：物理法則はどうやって生まれたのか？

物理法則とは、宇宙の中に存在する物質のみならず、物質を包み込む時空としての宇宙そのものを支配する摂理である。したがって、物理法則がどのように生まれたかを考えたければ、物理法則を支配するより上位のメタな物理法則が必要となる。さもなければ、物理法則は自分自身にも適用できる、という再帰呼び出しが可能ということになるが、そのような意味不明の議論を耳にしたことはない。まさに禅問答の極みである。

とはいえ、ここまで来ると私自身何を言っているかわからなくなりつつあるし、二度と社会復帰できなくなりそうなので、これ以上危険な思想を深掘りすることはきっぱりやめておく。

以上の考察をあえてまとめるとすれば、物理法則の5W1Hを巡る謎は、WhenやWhereあたりまでなら百歩譲って認めてもらえたとしても、Who、What、Why、さらにHowまで持ち出してしまうと、不科学どころかリサイクル不可能な非科学的分別ゴミとして回収してもらうべき疑問になりそうだ。

念のために強調しておくならば、私は講義中にこのような怪しい話を持ち出して前途有為の学生諸君を惑わしたことは一度もない（ただし、失うものが少なそうな高年齢者が大半の講演会やセミナーでは繰り返し熱弁してきた気もする）。だからこそ、前期高齢者となりもはや抑えることが困難となりつつある悩みを、自由にカムアウトする機会を与えてくれた本書に心から感謝したい。

［1］**前著**：須藤靖『宇宙は数式でできている』（朝日新書、2022年）。

[2] ｌａｗとｌｏｉ：須藤靖「ローの精神」『三日月とクロワッサン』（毎日新聞出版、２０１２年）。

[3] **法律≠法則**：「法律は破ることができるが法則は破れない」を英語に翻訳するのは至難の業だ。念のため、グーグル翻訳を試したところ、予想通り「The law can be broken, but the law cannot be broken」との回答であった。

[4] **宇宙が先か、法則が先か**：須藤靖『ものの大きさ――自然の階層・宇宙の階層（第2版）』（東京大学出版会、２０２１年）参照。

[5] **レベル４マルチバース**：と私は勝手に解釈している。これが正しいかどうかは、マックス・テグマーク『数学的な宇宙――究極の実在の姿を求めて』（谷本真幸訳、講談社、２０１６年）を読んで、各自検証していただきたい。

[6] **外挿**：馴染みのない単語かもしれないが、科学者は頻繁に使う。これは、すでに知られている知識や法則を、それが正しいことが証明されている範囲の外まであえて応用してみる、という意味で、extrapolationの日本語訳である。

[7] **心身二元論**：かつてある委員会で文学部の先生が「心が物質には還元できないことは自明であり、科学者が唯物論を支持することは信じがたい」と自信満々で発言されたことを思い出す。「現時点で心が科学で説明しきれていない」と、「原理的に心は物質に帰着できない」とは全く異なる言明であるにもかかわらず、その程度の論理力で心身二元論をマジで信じている人もいるんだなあとあっけにとられてしまった。しかしながらその後、科学者以外ではこの心身二元論を支持する人が少なくないことを知るに至り、ますます驚かされた。これはもはや宗教観の違いのようなものかもしれない。やれやれ。

［8］**耳なし宇宙**：耳なし芳一を例として出した以上、彼の「耳」のように、この宇宙のどこかに（我々の既知の）物理法則が成り立たないような場所が存在しているのでは、と想像してみるのも一興である。ある意味では、宇宙誕生時の特異点やブラックホールなどは、それに対応すると解釈できないでもない。しかしそのような空想（決して真に受けないでほしい）は、法則はどこにある、という問いとは無関係である。

［9］**ニュートンの法則の幾何学的解釈**：このあたりを理解したい方は、ぜひとも須藤靖『一般相対論入門（改訂版）』（日本評論社、2019年）をお読みいただきたい。

［10］**法則はどこにある**：ところで、これは「宇宙」のあらゆる場所で法則が厳密に同じであると主張しているわけではない。ここでは因果的に関係を持ちうる最大の領域をさして一つの「宇宙」と呼ぶならば、互いに因果関係を持たない領域は異なる「宇宙」ということになる。それらの集合がレベル2マルチバースであり、その元であるレベル2ユニバースは異なる物理法則に従っていると考えるほうがむしろ自然である。したがって「法則=宇宙」とは、異なる法則が（論理的あるいは数学的に）存在するならば、それらに対応して異なる宇宙が実在することを示唆する。それがレベル4マルチバースという考え方につながる。須藤靖『不自然な宇宙』（講談社ブルーバックス、2019年）、『宇宙は数式でできている』（朝日新書、2022年）参照。

［11］**反証可能性（falsifiability）**：ある実験や観測を行えばその仮説が「間違っている」と証明できること。どのような事実があろうと、その仮説と無矛盾だとすれば、もはやその仮説は科学の範疇にはない。例えば、「神が存在する」という仮説は反証不可能であるので、科学的仮説ではない。ただし、科学的

でない仮説が無意味だという主張ではない。個人が信じること自体は、憲法で保障された基本的人権である。しかし、それが他人に害を及ぼしたり、金銭が絡んできたりすると話は別である（が、それはあまりに深過ぎて、ここで議論することは不可能である）。

〔12〕**不科学的と非科学的**：①不科学的というのは私の造語であり、「科学的でない」という否定的な意味で用いられる非科学的とは違う。通常の科学では正しいのか間違っているのか判断できない、という中立的な意味だと理解していただきたい。科学を超えたという意味で、「超科学的」と呼んでもいいのだが、これでは一層怪しさが増す気がするので避けておく。

〔13〕**宇宙は進化しない**：進化という学術用語を生物学で用いられている意味だと解釈するならば、「宇宙が進化する」というのは正しい表現ではない。宇宙はあくまで時間変化、あるいは成長するだけで、いったん最期を迎えたあとに遺伝子を組み換えて次の世代を生み出しているわけではないからだ。同じ理由で、天文学で頻繁に用いられる、太陽の進化や地球の進化もまた誤用だと言うべきだろう。かつて批判されたことがある「ポケモンの進化」と同様だ。子供が「進化する」ではなく「成長する」と言うように、宇宙も太陽も地球も成長する（grow）のである。それを進化（evolve）と呼び慣わしているのは、単なるかっこよさのためではないだろうか。ちなみに、固有名詞としてではなく種族の意味での「星」や「銀河」は、生と死、あるいは合体を繰り返すことで次の世代を生み出し続けているので、進化すると言っても生物学者に怒られることはないだろう。

第3部

物理学者は世界をどう眺めているのか？

科学リテラシーとは、騙されない人生を送るために必須である。とはいえそれは、たくさんの科学的知識を覚えていることではないし、ましてや難しい計算ができたり方程式が解けたりすることでもない。

どんなに偉い（偉そうに見える）人が力説していようと、自分の頭で考えて納得しない限り信じない。逆に少数意見であろうと、筋が通っていれば真摯に突き詰めて考える。これこそが科学リテラシーであり、文系と理系といった皮相的な区別と無関係に万人が備えておくべき「科学的思考法」なのである。

ここでは、物理学者が不思議なことを目の当たりにしたとき、どのように考察を進めるかを通じて、騙されないための世界の眺め方を示してみたい。

世界の退屈さをなくす「対称性の自発的破れ」

身をもって体験しました

今なお脳裏に刻み込まれている、１９８５年2月11日のことである。当時より極めて勤勉な大学院生であった私は、我が国で最も重要だとみなされている建国記念日という特筆すべき祝日にもかかわらず、いつものように大学で研究にいそしむべく、朝早く出かけようとガスストーブを消すためにかがんだ。

その瞬間、突然背中に雷が落ちた。少なくとも私にはそう思えた。そのまま床に倒れ込んでしまった状態で、慎重にあたりを見回した。しかし、周囲のどこにも異常らしきものは何もない。何やら訳がわからないまま、起き上がろうとすると背中から腰にかけて激痛が……。

これが長年にわたる腰痛人生の始まりとなろうとは、当時は夢にも思わなかった。冷たい床に寝そべったまま30分ほど猛烈に脳を回転させた結果、おそらくこれが噂に聞くギックリ腰に違いないという結論に達した。魔女の一撃とはよく言ったものであるが、経験したことのない人には全く想像できないことであろう。

とにかく死ぬ思いで隣の畳の部屋に移動し、じっと痛みが和らぐのを待った。しばらく寝ていれば治るだろうと楽観していたものの、少しでも動くと激痛が走る。やることがないのでテレビを見て気を紛らわしながら、とにかく時間が過ぎるのを待つことにした。むろん、当時はテレビリモコンは普及していない。ただしすでにダイヤル形式の時代ではなく、番号のボタンを押すタイプのものであった。そこで、押し入れからスキーストックを1本取り出して、寝ながらその先でチャンネルを変える方式を考案した。食事に出ることも不可能なので、とりあえず備蓄してあったスナックのようなものを食べつつじっと寝たまま過ごしていた。

早朝4時頃、突然アパートのドアをどんどんと激しく叩く音で目が覚める。動くこともできないのでしばらく無視していたのだが、その音は鳴り止むどころか、ドアを外さんばかりにゆさぶるような振動に増幅される一方である。仕方ないので「どなたですか？」と聞くと、「新聞の集金です」との答え。

当時から極めて勤勉な大学院生であった私は、朝早くから夜遅くまで大学で研究にいそしんでおり、日中はほとんど留守。そのため、新聞料金が数カ月未納のままだった（今では新聞を購読している独り暮らしの学生など絶滅危惧種かもしれないが）。しかるに、部屋の電灯がこうこうとついているのを発見した朝刊配達員が、今日こそ逃がすまじと、集金するまで立ち去らずドアを叩き続ける決意をしたわけだ。立ち上がって照明を消すこともおぼつかない私は、つけっぱなしで寝ていたのである。

数分後、片手でスキーストックをついて体を支えつつ、反対の手に財布を持ち、さらには激痛に顔を歪めながら不快感丸出しで登場した私を見て、彼は明らかに動揺を隠しきれない様子であった。が、とにかく数カ月分の新聞料金を徴収して速やかに帰って行った。

独り暮らしの私は、このままでは飢え死にするかもしれないとの恐れを抱いた。そこで電車を2時間ほど乗り継いで親戚の家にたどり着いた。そこで1週間ほど世話になりどうにか起きて活動できるまでに回復した。

それ以降、数年おきにこのような急性的症状を繰り返しながら現在に至っている。行きつけとなった整体院の人によれば、どうも私は全般的に左側の筋肉が弱いらしい。「地道にそれを鍛えるしかないですよ」とのアドバイスを頂く。

以来、意識的に日常生活において左右のバランスのズレに注目するようになった。私は右利きである。主として右手を使うだけに限らず、歩くとき、階段を上るとき、電車で立っているときなど、あらゆる場面でまず右半身に力を入れ、その後左半身がそれに応じて動作する、というパターンになっているようだ。気をつけなければわからない程度の微妙な違いなのだが、何十年も繰り返し年齢的に筋肉が衰え始めると、有意な差として顕在化するらしい。

うーむ、これこそまさに物理学における「対称性の自発的破れ」に他ならないではないか。この概念を素粒子物理学に持ち込んだ南部《なんぶ》陽一郎《よういちろう》先生は、2008年にノーベル物理学賞を受賞している。ごくかいつまんで言えば、本来はあらゆる向きに違いがないはずの系の状態（対称性を持つ）が、結果的にある特定の向きにそろってしまう（自発的に破れる）ことをさす。

なぜ人間に右利きが多いか？

人間の体はかなりの精度で左右対称であるにもかかわらず、右利きと左利きという二つのタイプに分かれている。ごくまれに両利きという人もいるのだが、だからといって朝食は右手で、昼食は左手でというようにバランスを取っているとは思えない。また、世界的にも右利きのほうが格段に多いようだ。これは社会的・文化的なものが背景にあるのだろうが、ではなぜ右利きのほうを好む文化が確立したのであろうか。その文化に潜む左右非対称性の起源を科学的に説明することはできるのか。

原理的には、左右の対称性のあり方には様々な可能性がありうる。例えば

①右利きとか左利きとかいった非対称性が個人レベルでは存在しない。すなわち、あらゆる人が右手と左手を全く同等に使いこなせる。

②右か左かのどちらか利き手を決めておくほうが生きて行く上で便利なので、個々人はそのどちらかを選ぶものの、集団全体としてその確率に差はない。すなわち、統計的なゆらぎが無視できるほど多数の人々で平均すれば（例えば1万人なら約1％の精度で）右利きと左利きがそれぞれ半数ずつとなる。

③右利きか左利きかのどちらかを推奨するような何らかの物理的あるいは文化的背景が存

在するために、それらを共有する集団ではどちらかに偏ってしまう。ただし、その背景はより大きなスケールでは左右の差がなく、例えば地球全体で平均すると、右利きと左利きがそれぞれ半数ずつとなっている。

④何らかの理由で地球上では右利きが多いのだが、それはあくまでこの地球に特有の偶然である。したがって、地球外生命まで含めて宇宙全体で平均すれば、右利きと左利きの割合は等しくなる。とすれば、第2の地球が発見されたとすれば、そこでは左利きの「人」の割合が多いかもしれない。

物理学で用いられる「対称性の自発的破れ」は、②あたりに対応すると言うべきだろう。一方、仮に地球上のあらゆる国で統計的に右利きが多いのが事実ならば、右と左の違いに科学的理由が存在しない限り、④の可能性が高いはずだ。宇宙人に会う機会があれば、ぜひとも聞いてみたいものである。

このように本来平等であるはずの物事がそうなっていない状況をさして、物理屋は対称性が破れていると表現する。そしてそれは本来あってはならない不自然な状態だとみなし、その背後に何らかの理由あるいは説明が潜んでいると考えるのである。このように物理屋は平等性あるいは対称性という概念に異常に敏感である。そのためか、人間関係においても年齢や地位の違いはあまり気にしないリベラルな人が多い（と私は信じている）。

世界は対称性であふれている

天文学の例をとっても、理由がない限り、物事は対称であることが普通だ。太陽に代表される恒星[1]、木星に代表されるガス惑星、さらには地球のような岩石惑星などは、いずれもかなりの精度で球という極めて対称性の高い形状をしている。

「なぜ星は星形でなく丸いのか。星が星形でなければ何をもって星形というべきなのか」という質問は、それなりに奥深い内容を持つのだが、その答えは「ある特定の方向が選ばれる理由がないから」ということに尽きる。

天体は自らの重力によって安定な形状を保っているが、重力は中心からの距離の逆2乗に比例するだけで、その方向には依存しない。もし天体が球形からずれているとすれば、それこそ理由が必要なのである。

例えば、地球は自転しているため、厳密に言えば南北方向と東西方向は平等ではない。このため地球は球ではなく、少しだけ歪んだ楕円《だえん》体になっている（が、これは通常無視できる)。日本の探査機はやぶさが到着したリュウグウが球形でないことを覚えている方もいらっしゃるだろう。これは、重力以外の力が大切だからだ。

我々の宇宙もまた全体としては特別な方向がないと考えられている。これは宇宙原理と呼ばれ、現在の宇宙論の基礎となっている「宇宙には特別な場所も方向も存在しない」という主張である。

これは「原理」と呼ばれるだけあって、直接証明できるものではないが、少なくとも現在観測されている範囲ではこの主張と矛盾するものは何もない。その意味において、かなり信頼できる仮定であると言える。万が一、宇宙にある特定の方向性があるとすれば、物理学・宇宙論を根底から揺るがす大発見となる。

さらにこの考察は生物の形に対しても応用できる。例えば、水中をふらふら動いている毬藻《まりも》は球形に近い。これは前後上下左右のあらゆる方向にほぼ区別がないためである。一方、水底にくっついているイソギンチャクにとって上下には明確な違いがある。したがってイソギンチャクは球形ではなく、前後左右にだけ区別のない軸対称に近い形をしている。これは基本的に陸上植物も同じである。

さらに、魚や動物となると、重力の向きで決まる上下に加えて、自分自身の運動のする向きに対応して前後という違いも生まれる。したがって、残るのは右と左の対称性しかない。というわけで、ほとんどの動物は左右対称なのである。

ところで甲殻類には左と右のどちらかだけハサミが大きく発達したものがある。それらは種ごとに必ず右あるいは左に決まっているのか、あるいは個体ごとに半数ずつ散らばっているのか、私は知らない。しかし、そこに何らかの非対称性が存在するとすれば、必然的な理由があるはずだ。おそらくこれは生物学の専門家であれば即答できる話題であろうから、素人の私がこれ以上適当なことを言うのは差し控えておく。

その代わりと言ってはなんだが、おそらくその道の専門家でもご存じではないと思われる、対称性の破れに関連した極めて興味深い「物理学的」事例を紹介してみたい[2]。

牛は東西南北、どちらを向くのが好き？

牧畜農家の間では、牛や羊は農場で休んでいるときには南北方向を向いている確率が高いことが経験的に知られているそうだ。しかし、その理由は謎のままである。右利きと左利きの場合と対応させれば、広い意味での対称性を保つには以下のパターンがありうる。

Ａ　牛の向く方角は、牛ごとに全くランダムである（これが一番もっともらしい）。

Ｂ　地形、建物、えさの位置など何らかの理由で一つの牧場では牛の向く方角はほぼそろっている。ただし、牧場ごとにそれらの条件は異なるので、複数の牧場で平均すれば牛の向く方角はランダムに分布する（これも一応うなずける）。

Ｃ　「ある」物理学的理由のために、地球上で牛が向きたがる特定の方角が存在する。

Ｄ　我々の地球の場合、牛が向きたがる特定の方角が決まっているとしても、別の惑星（牛がいると仮定しよう）においてはその方角は地球とは異なっているはず。したがって、宇宙全体で平均すれば、牛の向く方角はランダムに分布する。

ＡからＤは、どのぐらいの空間体積まで考えて平均すれば対称になる（この場合、特定の方角がなくなることに対応）のかというスケールの違いである。しかしただ考えていても仕方ない。というわけで、ある研究グループが、草を食べたり休んだりしている状態の牛と鹿（ちなみに馬と鹿ではない）がどの方角を向いているのか、定量的な調査に乗り出した。

それにしても、よくぞこれだけ何の役にも立ちそうにないことに興味を持ったものだ。しかもその調査方法がふるっている。グーグルアースで入手可能な衛星写真画像から、世

地上の反芻動物の向きの分布

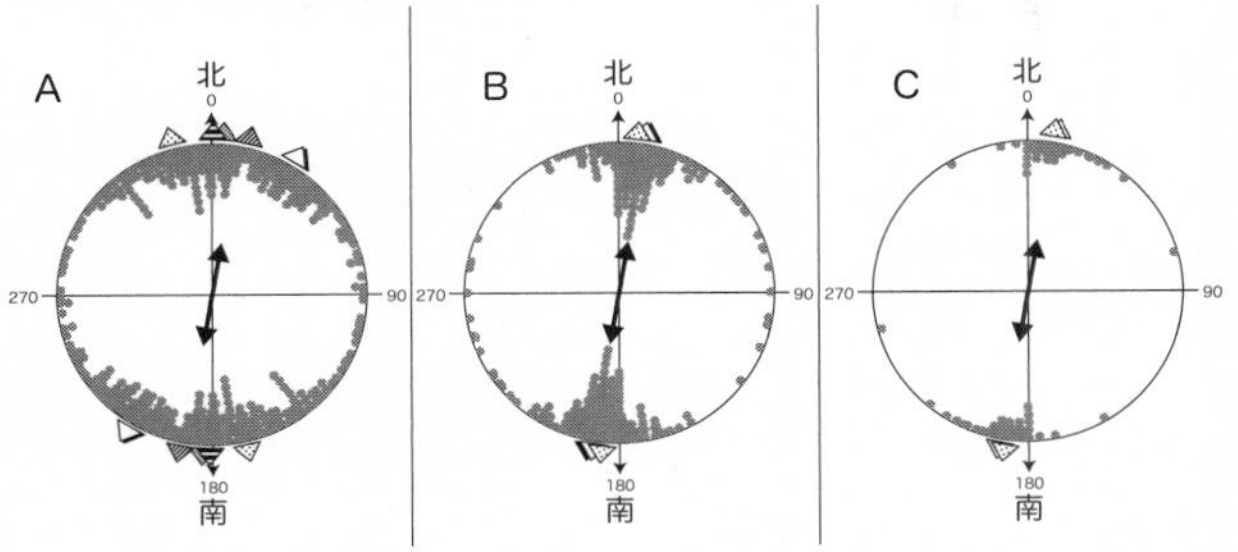

A 牛、B ノロジカ (roe deer)、C アカシカ (red deer)。円に沿った1組の点（180度反対方向にプロットされている）は、ある場所におけるこれらの動物が向いている方向の平均を表す。円の内側に伸びているほど、その方向を向いている牧場あるいは区画が多いことを示す。円の外側にある三角形は、六つの大陸ごとに平均された方向を示す。中央の太い矢印は、それら6大陸の結果を平均した方向を示す。S. Begall et al., PNAS 105 (2008) 13451, 図1をもとにして作成

界中の牧草地が写っているものを抜き出し、それをパワーポイントファイルに取り込む。そして人間の眼視によって、308の牧場にいた8510頭の牛、および241の区画にいた2974頭の鹿の胴体の向きを推定したというのだ。

その結果、牛と鹿は南北を向いている確率が最も高いことを（再）確認した。事実はCのようだ。ではそれはなぜか。当然考えられるのは太陽の向きとの関係である。

彼らは、アフリカ、アジア、オーストラリア、ヨーロッパ、北アメリカ、南アメリカの6大陸別に平均を取り、しかも、季節や日時の異なるデータを用いることで、

これが正確には太陽の向きから決まる南北方向と少しだけずれていることを突き止めた。のみならず、今まで大まかに南北と考えられていた方角は、厳密には磁極の向きに近いことを見出したのだ（前ページの図参照）。さらにノロジカに限れば、草を食べている、あるいは休んでいる状態では、頭を南向きではなく北向きにしている場合が多いことを発見した。そのため、この反芻《はんすう》動物は磁場の向きを感じているのではないかという仮説を思いついた。

ここまででも十分面白い。鳥は地球磁場の向きを感じることが知られているし、さほど不思議ではないかもしれない。にもかかわらず、やはり今一つ怪しさがぬぐい去れないのもまた事実だ。そこで、彼らはさらにしつこく研究を進めるのである。

仮に動物が磁場の向きを感じるのであれば、高電圧線の近くでは、地球由来の磁場ではなく電流が発生する低周波磁場によって決まる方角を向いているに違いない。実際、そのような場所を選んで解析したところ、ノロジカの向きは地球磁場の向きとは相関していないこと、さらにそれぞれの場所ごとにノロジカの集団がそろって（地球磁場とは異なる）ある同じ方角を向く傾向は高電圧線までの距離が遠くなるにつれて（つまり、それが発する磁場が弱くなるほど）弱くなることが見出された。[3]

さすがである。科学者たるもの、せっかくならここまで徹底してやるべきだとの見本そのものだ。もちろん、定量的な統計解析を行っており、その論文は『米国科学アカデミー紀要』という「一流誌」に掲載されている。にもかかわらず、やっぱり大阪弁で「ホンマかいな」とつぶやかせてしまうだけの怪しさと魅力を持つ独創性にあふれた研究である。

さて、ここまで来れば次にはDの可能性の有無を検証したくなる。もしもその結果Dが成り立たないことが検証されてしまうと、この宇宙にはなぜか特定の方角が存在することになる。つまり、現在の宇宙論のもっとも基礎的な仮定である宇宙原理（宇宙のあらゆる場所は互いに平等であり、特別の位置を占めない）が否定されてしまうかもしれないのだ。そのためにはまず、太陽系外の惑星に牛を発見することから始める必要がある。これこそ今世紀の天文学の主役となるはずの宇宙生物学への道そのものだ。

物理屋は「この世の中は基本的に対称であるべきだ」という超民主的な世界観のもとに生きている。一方、現実世界は様々なレベルでその対称性が微妙に破れている。そしてこのビミョーな対称性の破れこそ、我々が住んでいる世界の多様性と魅力、さらには私を含む数多くの人々を悩ませる腰痛の起源なのである。日本全国3000万人とも推定される腰痛持ち同志の皆さん、（気をつけてゆっくりと）立ち上がろう。対称性とその破れ、万歳！

対称性の自発的破れ

物理を学んだ人でない限り、この概念を直ちに理解することは困難かもしれないので、補足説明を加えておく。例えば、逆さに立てた鉛筆が平面を埋め尽くしている状態を考えよう（決してお目にかかることはないと思うが、とにかく想像していただきたい）。

その状態の鉛筆は不安定であり、必ずやある方向に倒れてしまうはずだ。本来、その向きは角度にして０度から３６０度のどこであってもよい。しかし、たまたまある一本が東向きに倒れてしまうと、その方向にある鉛筆は軒並み同じく東向きに連鎖的に倒れてしまう。これが、対称性が自発的に破れてしまった例である。

南部先生が好んで使われた例は、円卓に置かれたナプキンである。自分の席の右あるいは左に置かれているナプキンのどちらを使ったらいいのかわからず迷ってしまうことがある。その場合、最初に誰かが右のナプキンを選んだなら、残りの人々はそれに応じて全員右のナプキンを使うことになる（でないと、誰か1人ナプキンを

対称性の自発的破れ

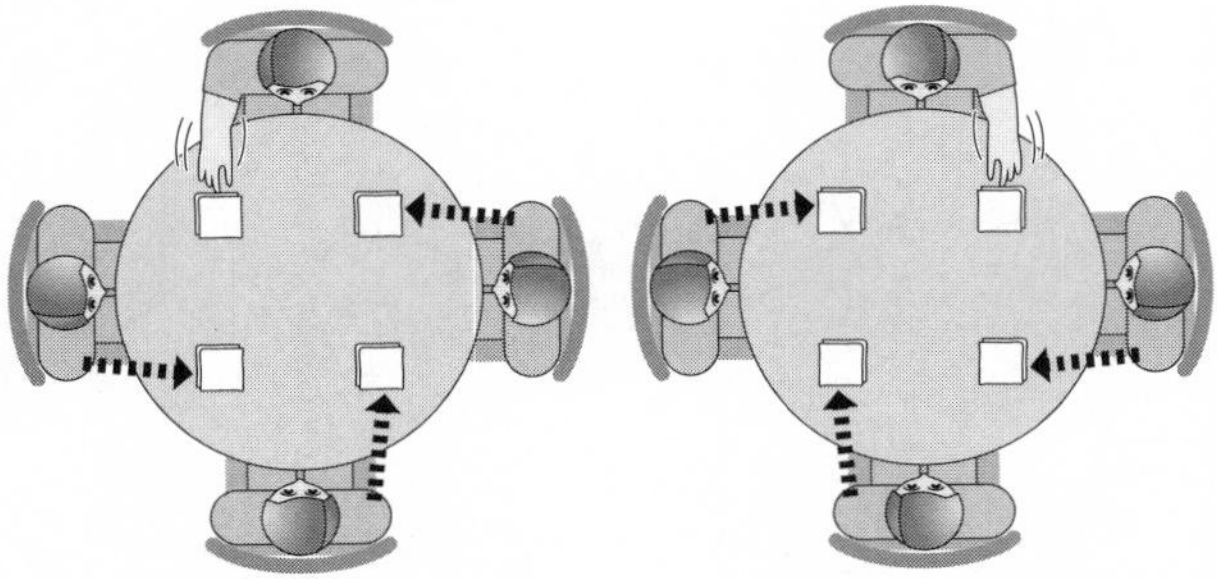

誰か1人が最初に右か左のどちらかのナプキンを選んだ瞬間、他の人々は全員同じ側のナプキンを使うことになり、それが「対称性が自発的に破れた」安定状態となる

使えない人が出てしまう)。

このようにもともとは、右と左は対称(区別する理由がない)であったにもかかわらず、結果的には右という特別な方向が安定状態に選ばれるというのが、対称性の自発的破れ、というわけだ。[4]

この概念は微視的世界の記述において非常に重要なものである。しかし実は我々の日常生活においてもしばしば起こるなじみ深い現象でもあるわけだ。

[1] **恒星と星**：主に水素からヘリウムに変換される核融合反応によってエネルギーを発生し自ら光り輝く天体。太陽系では太陽が唯一の恒星。地球や木星は核融合反応を起こさない惑星に分類される。天文学では、星とは恒星のことをさし、星という漢字がついているにもかかわらず、惑星や衛星、彗星《すいせい》は星ではない。

[2] **原論文**：S. Begall et al., "Magnetic alignment in grazing and resting cattle and deer", Proceedings of the National Academy of Sciences of the United States of America 105 (2008) 13451.

[3] **続編**：H. Burda et al., "Extremely low-frequency electromagnetic fields disrupt magnetic alignment of ruminants", Proceedings of the National Academy of Sciences of the United States of America 106 (2009) 5708.

[4] **自発的対称性ではない**：ところで、これは英語ではspontaneous symmetry breakingであり、日本語でも自発的対称性の破れと訳されることが多い。その意味は、自発的な「対称性の破れ」なのだが、英語にせよ日本語にせよこのままでは、「自発的対称性」の破れ、と誤解されてしまいそうだ。もちろん、「自発的対称性」という概念は存在しない。そこでここではあえて「対称性の自発的破れ」という、少数派ではあるが文法的により厳密な日本語を採用しておく。

物理学者は世界をどう眺めているのか？

物理学の教科書と聞くと、やたらと堅苦しい記述が続くだけで、読み通すのが苦痛だと想像される方がほとんどであろう。それは必ずしも間違ってはいない。ただし、それがこの世界の振る舞いを見事に説明してみせることを理解した瞬間、甘美な喜びを感じてしまうのもまた事実である。

といっても、少しでも読者が楽しみながら読み進めてもらえるような教科書にできないものか、と考えた私は、講義中に行った余談や常日頃自分の大学院生に対して行っている雑談を脚注に盛り込んだ教科書を書いてきた[1]。

それらの中には、教科書の本筋とは独立して読める普遍性を誇るものも少なくない[2]。今回はそれらからいくつか選んでさらなる考察を深めつつ、今まで物理学の教科書を眺めたことのない新たな読者層発掘に努めてみたい。

最小作用の原理的人生と微分方程式人生

物体の運動を記述するニュートンの運動の法則を具体的に数式で表すと

$$\frac{d^2x}{dt^2}=f(x)$$

となる。左辺は考えている物体の加速度、右辺はそれが受ける単位質量あたりの力である。加速度というのは、まさに車に乗っているときに「加速」すると感じる度合いであるが、数式で書けば、物体の位置 x の時間 t に関する2階微分となる。これは、物理学で登場するもっとも単純な微分方程式の例である。

物体の運動という物理現象が、微分方程式という数学に帰着できることを確信したならば、もはや実際の物体など忘れて、単純にこの式を数学的に解くことで、現実の世界の振る舞いを理解することができる。

数学という言語で書かれた抽象的世界が、我々が実際に住む現実世界を説明し尽くすかどうかは、そもそも自明ではない。にもかかわらず、物理学者は経験的に、この単純な微分方程式が現実世界を驚くほど高い精度で正確に記述することを知っている。それどころか、その事実を不思議だと思うこともない。

この数学の有効性の理由はわからない。とはいえ、若くしてこのような哲学的な議論に深く迷い込んでしまっては、まっとうな物理学者への道を歩むのは難しい[3]。というわけで、むしろここで問題としたいのは、この微分方程式が「最小作用の原理」という一見全く異なる定式化から導かれるという事実である。

「最小作用の原理」は、理科系の大学生が本格的に物理学を学び始めたときに、最初に出会う美しい定式化である。ここらあたりで読むのをやめようと悩み始めた方、もう少しお待ちいただきたい。難しいことをひけらかすのがこの文章の目的ではない。噛み砕いて言えば、出発点と目的地が決められたとき、物体はその所要時間が最小になるような運動をする、という主張が最小作用の原理に他ならない。

我々がある場所を目指す場合には、まさにこの最小作用の原理に従っている。理由がない限り、誰もが近道を選ぶのが当たり前。わざわざ時間をかけて遠回りすることを選ぶ人はいない。しかし物理学における最小作用の原理とは、人間ではなく、意志を持たないあらゆる物体が例外なく従う原理なのである。坂道にそっと置かれた球が、わざわざ一旦坂を上ってから下ったりしないのは、まさにそのためだ。

最小作用の原理

微分方程式による記述と最小作用の原理による記述という、一見全く異なるように思える二つの見方が同等であることは数学的に示すことができる。直感的になかなか受け入れることはできないかもしれないが、日本ではそれなりにその同等性に納得できる。例えば、電車に乗って目的の駅で降りることを考えよう。

乗り過ごさないように、電車が停まるごとに駅を確認する。目的の駅に着けば、ドアが自動的に開くのを待つ。そこから一番近い出口を探し、階段かエスカレーターを使う。出口の改札が見つかれば、切符あるいはカードを出してそこを抜ける。毎回次に何をすべきかの手順は自明で、ほとんど頭を使うことなく目的地に達する。これはごく初歩的な微分方程式を解くような感覚である。その結果として、目的地に到達する所要時間は確かに最小となっている。

ところが、驚くべきことにイギリスでは必ずしもそうではない。駅に着くところまでは同じである。しかし、ただじっとドアが開くのを待っていてはだめだ。自動ドアでないことに気づき、あわてて開閉ボタンを探しても見当たらない。手動で開けようとしても、電車の内側にはドアノブすらない。そんな馬鹿な。一体どうなっているのか。頭が真っ白になる。

イギリスでの電車の正しい降り方。百聞は一見に如かず。2007年10月30日、ロンドンのパヂントン（Paddington）駅にて撮影

さて、どうすれば外に出られるのであろう。正解ははるかに予想の上を行っている。イギリスで実際にその列車に乗ったことのない日本人には決して信じられないことであろう。とにかく落ち着いて、与えられた状況下で考えうるあらゆる可能性を熟慮し、最短時間で脱出する方法を模索するしかない。微分方程式のように、要所要所で次のステップが眼の前に提示されると思って生きていると痛い目に遭うことは確実だ。最小作用の原理が完全に身についていない限り、イギリスでは列車から降りられないことを注意しておこう。

さて、正解はあえて本文ではなく注[4]として示しておくが、まずは前ページの写真だけを見てじっくり考えてほしい。すでに20年近く昔のことであるが、私の受けた衝撃を読者の皆さんにも追体験していただきたいのだ。

中にはこの写真が本物であると信じられない方もいるかもしれない。しかし少なくとも2010年に開催した国際会議の際、酒を飲みながら数人のイギリス人にこの質問をしたところ全員瞬時に正解を言った。しかも「そんなの全く当たり前じゃん(It perfectly makes sense)」とのこと。便利さのみを追求してやまない軽薄な日本人への警鐘と解釈すべきなのかもしれない。畏るべし、大英帝国。

太陽は何色?

熱せられた鉄の温度をその色から推定できるかという問題は、かつて鉄工所の作業において極めて重要であった。実はそれは古典力学だけでは理解できない。まさにそれこそが20世紀初めに量子論が誕生する一つのきっかけとなったのだ。鍵となるのは通常は波として振る舞っていると考えられる光が、1個、2個と数えられる粒子としての性質をも同時に持ち合わせている点にある。光をこのように粒子とみなしたものを光子《こうし》と呼ぶ。

物理学では光を完全に吸収する物体を黒体と呼ぶことになっている。しかし、温度が一定に保たれた黒体は、その名前とは裏腹に吸収した光の全エネルギーを再びすべて外に放射する。そうでないと温度が上昇し続けるからだ。先に述べた量子論を用いると、放射される光のスペクトル[5]を計算することができる。

スペクトルとは難しい言葉であるが、大まかには異なる色(波長)の光がどのような割合で混ざっているかを示す量である。例えば、太陽の放射をプリズムに通せば、異なる色の光に分解することができる。虹はまさにその例であり、日本では、赤、橙、黄、緑、青、藍《だいだい》、紫の7色だとされている[6]。

にもかかわらず、物理学の用語に従えば、太陽はほぼ「黒体」なのである。それどころか、すべての星は「黒体」である。

むろん太陽も、また夜空の星々も、その色は黒ではない。また、星の色がそれぞれ違うのは、その温度の違いに対応して、異なる色の光の混合比が異なっているためである。温度が低い星は赤っぽく、逆に温度が高い星は青白く見える。太陽の表面温度は約6000度であり、やや黄色っぽく見える（私には）[7]。

さて皆さんは子供の頃、太陽の絵を描くときに何色を使ったであろう。私は保育園のお絵かきの時間にお日さまを黄色のクレヨンで塗りつぶしたところ、保母さんに大笑いされた。「お日さまは赤で塗るのが当たり前よ」と矯正されたわけであるが、私には決して赤くは見えなかった（今に至るまで、夕焼け以外で赤っぽく見えたことは一度もない）。生まれて初めて、大人の世界には真実とは異なる不条理な約束事があることを知らされたわけだ。その不愉快な記憶は60年以上経った今でも忘れられない。当時はそのような概念はなかったものの、今ならアカハラで訴えることを考えていたかもしれない（我ながらしつこく根に持っている）。

それ以来小学生が夕日でもないのに赤く塗った太陽の絵を描いているのを見るにつけ、

「この子も明らかに間違ったルールを社会的に押しつけられてしまってるんだなあ」というやな気持ちになる。そういえば、以前アメリカで子供の絵を見たことがあるが、太陽はちゃんと黄色っぽく塗られていた。さすがは自由の国アメリカ。

シュレーディンガーの「レー」

原子スケールの世界を記述する量子力学の基本方程式を見つけたのはオーストリアのSchrödingerである。日本人物理学関係者のほとんどは「シュレディンガー」と発音していると思う。教科書の第1稿では脚注においてこの事情を説明した上で、一貫して「シュレディンガー」と書くことに決めた。

しかし担当の編集者からクレームがついた。理化学辞典では「レー」となっているし、かつて担当した厳しい某物理学教授から「レー」でなくてはならん、と強く申し渡されたことがあるらしい。彼女に涙目で「レー」に修正するよう懇願され、不承不承「レー」に変更することとした。

しかし思い込みとは恐ろしい。「レー」と書いてある教科書などほとんどないはずだと確信していたのだが、手元にあった教科書10冊を調べたところ、6冊は「シュレーディンガー」、3冊は原綴りのままカタカナなし、「シュレディンガー」はわずか1冊のみであった。

思わず、娘が習字で「希望」と書いたときにコメントを求められたことを思い出す。「とても上手なんだけど、望の『月』の部分が右に傾いてるね。真っ直ぐにしたらもっとよかったね」、「……先生に『月』は傾いていると習ったよ」。あわてて見直すと確かにあらゆる書物において活字で書かれた望の月は傾いている。

信じられない。私が気づかないうちに、すべての書物の望の活字を置き換えるという壮大な国家規模極秘プロジェクトが進行していたとは……。

ひらがなの「そ」でも同様の経験がある。娘に「『そ』は何画か?」と聞かれたので、「2画か3画だろう」と答えたところ、「1画だよ」と言われた。よく見ると、「そ」の上の部分はくっついている。私の子供の頃の「そ」は、明らかに左上に位置する部分は、残りの領域とくっきりと離れていた。わかりやすく言えば、一筆書きできなかったという事実である[8]。

いずれにせよ、このような国家規模の文化改竄《かいざん》プロジェクトが私の気づかぬところで秘密裏に進行している真の目的は何なのだろう。薄気味悪い世の中になってきたものだ。

話がそれたので、再び「レー」問題に戻る。もちろん大声で文句をたれるレベルの問題ではない。しかし私は、外国語をカタカナ表記すること自体にそもそも無理がある以上、表記にも自由度を許容すべきだ、という至極穏やかな主張をしているだけだ。「レ」に比べて「レー」が明らかに優れているとは思えない。だからこそ個人の自由に任せてもいいのではないかと思うわけで、国民全体で「レー」にせよという流れに同調圧力を強いる日本の将来に危うさを感じ、憂えてしまうのである。「レレレのおじさん」を「レレレーのおじさん」と呼ぶ法律を制定するに匹敵するほどの暴挙と言えよう。[9] こんなことを容認しているようでは、日本は過去の戦争から何も学んでいないという非難も甘んじて受けざるをえまい。

このような例は枚挙に暇がない。ハンブルグをハンブルクと強制するのであれば、ハンバーガーではなくハンブルカーと言ってほしい。理科系のユークリッドと文科系のエウクレイデスはどうしてくれる。これを同一人物であるとただちに看破できる人がいたら顔を見てみたい。[10] なぜかmailはメールと書くことが普通となっているようで、それを知らずにメイルと書くことに決めてしまっている私はパソコンで入力するたびに気が滅入るはめになる。大名古屋ビルディングではなく大名古屋ビルヂングが正しいというならば、シュレーディンガーもまたシュレーヂンガーでなくてはならないし、コーヒーはコーフィーにしろ。私の尊敬する某先輩に至っては「アメリカのレストランで俺が『コーヒープリーズ』と言うと必ずコークが出てくる」と自慢しているぞ。[11]
「レ」か「レー」かなどという瑣末《さまつ》な点を問題にする以前に、このような事態を避けるべく国語力向上を目指すことこそ日本政府が取りかかるべき国家教育最優先課題ではないだろうか。がんばれよ、文科省。

理由の理由

不思議な物事に納得できる自然な説明を与えるのが物理学である。しかし何をもって納得し満足すべきかと聞かれると難しい。

数学は、出発点となる一連の命題を公理として認めることで体系が構築される。公理そのものを取り上げて、正しいか間違っているか議論するのは意味がない（あるいは、それとは独立な体系を構築するという本質的な意味を持つ、とも言える）。しかし物理学はそうではない。あくまで我々が住むこの現実世界（だけ）を説明することが目的であるため、作業仮説としての「公理」は、常に検証され続ける運命にある。そしてその営みはおそらくエンドレスであろう。

当時小学生だった娘に「直列接続された2個の豆電球のうちの1個の両端を導線でショートさせるとその豆電球がつかなくなるのはなぜか」と質問された。もちろん「その豆電球の中を通るほうが抵抗が大きいので電流が流れにくいから、もっと流れやすい導線の中を通るほうを選ぶのだ」と教えた。分別のある生徒であればこれで終わりである。

しかし分別のない娘は「電流はどうしてそんなことを知っているのか、電流は天才なのか」とさらに詰め寄ってくる。んんん、もっともである。私の「回答」は単なる事実提示でしかなく、「ではさらになぜそのようなことが起こるのか」に関して十分納得できるような「説明」にはなっていない。しかし物理学とは本質的にそのような経験に基づく不満足な体系であることもまた事実である（143ページの「宇宙の5W1H」参照）。

大学の先生は一般の方々が不思議に思うことのほとんどすべてに答えてくれる気がする。彼らが答えることのできない質問を瞬時に思いつくことは困難そうだ。しかし、同じことを掘り下げて5回ほど問い続けてみれば話は別だ。
①「物質は何からできているんですか?」、「原子です」。

②「原子は何からできているんですか」、「原子核と電子です」。
③「原子核は何からできているんですか?」、「陽子と中性子です」。
④「陽子と中性子は何からできているんですか?」、「クォーク3個です」。
⑤「ではクォークは何からできているんですか?」、「クォークはそれ以上分割できない素粒子だと考えられていますが、実はさらにより根源的な階層があるかもしれません」。
⑥「どっちなんですか、はっきりしてください」、「……」。

この種のやりとりは非常に普遍的であり、昔から禅問答として知られている。このように自然界の法則の説明は階層的となる。すなわち、ある現象を説明した途端、より深いレベルでの説明が求められる。

我々にとって幸いなことに一般講演会のあとの質疑応答では質問者はそこまでしつこく食い下がってこないので、公衆の面前で追い詰められることはない。運悪く⑥のレベルに到達しそうになると、司会者が「残念ですがもう時間となってしまいました。今日の講演会はここで終了させていただきます」と場をおさめてくれる段取りになっているので安心である。頼んだぞ、司会者。

さて、今回もまた一見すればまとまりのない雑談をただ羅列してしまった感も否めない。しかし実はそこに、物理学の探究が身の回りの世界と思いがけないところで接点を持っているという事実を紹介したいという深い意図を込めたつもりである。

物理屋がどのような視座でこの世界を眺めて過ごしているかの一端を垣間見ていただけたなら幸いである。もしも何かの機会に物理屋と遭遇する機会があったならば、迂回して避けて通るだけではなく、遠くから温かく見守ってあげてほしい。

［1］**拙著**：『解析力学・量子論（第2版）』（東京大学出版会、2019年）、『一般相対論入門（改訂版）』（日本評論社、2019年）、『ものの大きさ（第2版）』（東京大学出版会、2022年）。

［2］**不要の要**：言い換えれば、そんな雑談を教科書に記述する必要など全くない、ということになる。読者にも好き嫌いがはっきり分かれているだろう。

［3］**続きは前著で**：というわけで、これ以上は須藤靖『宇宙は数式でできている』（朝日新書、2022年）をお読みいただくことにする。

［4］**イギリスで電車から降りる方法**：電車が目的の駅に到着したら、まず窓を開け、そこから手を出して外側の把っ手《とって》を回してドアを開ける、が正解である。そのような仕組みとなっている車両には、車内

に“To open door”という説明書きがあり、まず窓を下に下ろして外側の把っ手を使ってドアを開けることがイラスト入りで丁寧に説明してある。もちろん、「危険」、「注意」という但し書きも同時に大きく貼られている。話だけではとても信じてもらえないと思うので、2007年10月に撮影した写真をつけておいた。私は初めて渡英する前にたまたま日本で立ち読みした旅行ガイドブックに、その話が紹介されていたので心の準備はできていた。しかし、その本は「日本人がこの方法でつつがなくドアを開けることは至難の業である。またしばしば窓の建てつけが悪くスムーズに下ろせないことがある。したがって降りる際には決して列の先頭ではなく誰かの後に並ぶべし」という極めて優れたアドバイスで締めくくられていた。英国で実際に自分が乗り合わせた列車がまさにその仕様であることを事前に確認した私はもちろんこのアドバイスに忠実に従い、現地人と思しき女性2人組の後ろに立って、彼女らに自らの運命を託してじっと待った。ところが列車が到着した直後、彼女らは「ドアノブがない」と大声で叫び始めた。何と彼女らは現地人ではなくアメリカ人旅行者だったのだ。焦った私は、ただちに彼女らを押しのけて、急いで窓を下ろし手を出して外からドアを開けることに成功した。降車後も彼女らは何が起こったのか理解できない様子で、興奮したまま何やら大声で議論し続けていた。さすがに今ではこの状況は改善（改悪?）されてしまっている可能性がある。実際、最近再びこのネタを話したイギリス人の若手研究者には状況が理解できない者もいた。逆に言えば、このエピソードと写真は、過去のイギリス文化を留める歴史的意義を持ち始めたとすら言えるかもしれない。

[5] **光のスペクトル**：物体が発する放射は、異なるエネルギーを持つ光の足し合わせからなっている。そのエネルギー分布（光の強さをその波長の関数で表したもの）をスペクトルと呼ぶ。

[6] **虹は7色？**：虹が7色に見えることは決して世界標準ではなく、6色や5色とみなされている国もある。

[7] **色の決まり方**：より正確には、太陽のスペクトルと、人間の目にある3種類の視細胞の応答関数との関係で、知覚される色が決まる。

[8] **一筆書きとは**：ただしこの文章を読んでいる教養の高い読者の中には、一筆書きの定義がなされていないと不快に思う人もいるはずだ。私はどんな字を書くときも同じ筆で最後まで書けるし、決して異なる筆に持ち変えることなどないぞ、などと非常識なことを言い出しかねない（特に数学を学んだりした人に多く見られる症状である）。そのような方には、私の主張は、「そ」は単連結ではない、あるいはオイラー数は2ではなく4だ、と伝えるべきなのだろう。

[9] **昭和文化**：そもそも「レレレのおじさん」とは誰なのか。すでにそれが理解できるのは高齢者に限られるかもしれないが、これもまた日本文化の記録としてあえて残しておく。

[10] **真に受けないでください**：あくまで成り行き上のコメントなので、突然私に顔を見せにくることは厳に慎んでほしい。

[11] **支離滅裂**：興奮のあまり、取り上げた例の間には明確な論理的関係がなくなっている気もするが、ご容赦を。

人生に悩んだらモンティ・ホール問題に学べ

三つのドア、どれを開けるか?

休日にたらたらとテレビのクイズ番組を見ていたところ、次のような問題が出題されたことがあった。

【問題】1台の車、2匹の山羊が、それぞれ一つずつ三つのドアの後ろに隠されている。挑戦者は、自分が選んだドアの後ろにあったものをもらえる。まず挑戦者にどれか一つのドアを選ばせる。その後、司会者が残りのドアのどれか一つを開ける。そこには山羊がいた。この時点で挑戦者は、自分のすでに選んだドアを変更してもいいし、変更しなくてもいい。さて、車を獲得するために挑戦者はどうすべきか、以下から正しいものを選べ。
①変更せず同じドアを選んだままにする
②変更して、もう一つのドアを選ぶ
③どちらでも結果は変わらない

「そんな小細工をしても確率が変わるはずはない。もちろん③が正解だ。こんな典型的詐欺のような話に惑わされてはいかんという教訓の例だと心せよ」。すかさず一緒に見ていた娘2人に人生訓をたれた直後、私の目の前に「正解は②です」というテロップが！

驚いた私は「その理由を説明してもらおうじゃないか」、と興奮しつつテレビの前に詰め寄り正座した。しかしさらに驚くべきことに、クイズ番組の進行役はそのままスルーして次の問題へ進んだのだ。もはや驚きを通り越して怒りすら覚えた私はテレビに向かって「関係者出てこい！」と叫んだのだった。[1]

このような事態に慣れっこになっている娘どもは、「また始まった」という極めて冷静な態度で、それ以上この話題に付き合おうとはしなかった。

それにしてもすっきりしない。早速翌日の昼食時に学食でラーメンをすすりながら、フランス人と日本人の博士研究員にその話をした。極めて聡明な2名との議論を通じて、(以下で説明するように)私はそもそも問題設定を正しく理解していなかったことが判明する。

その結果、「なるほど、確かに②が正解だとは認めよう。それにしても、昨日の番組中の説明は言葉足らずであり、誤解を招くのが当然だ。決して私が間違っていたわけではなく、責任は誤解を与えたテレビ番組の説明不足にある」という負け惜しみ的結論に落ち着いた。

今回はこの問題の正解がなぜ②となるのかを説明してみよう。高校数学レベルの確率のごく基礎的な知識が必要となる。そんなめんどくさい話が出るなら、ここで読むのをやめようと思われる方がいるかもしれない。その場合は、以下の「正解」をとりあえず信じていただき、204ページに進んでもらえればよい。全く逆に、この「正解」など当たり前だと感じるほどの高度な知能を持たれた方は、ここからの説明は読み飛ばし、やはり204ページに進んでいただきたい。

しかしながら、②が正解などとは直感的に決して容認できない、と感じられた(科学的

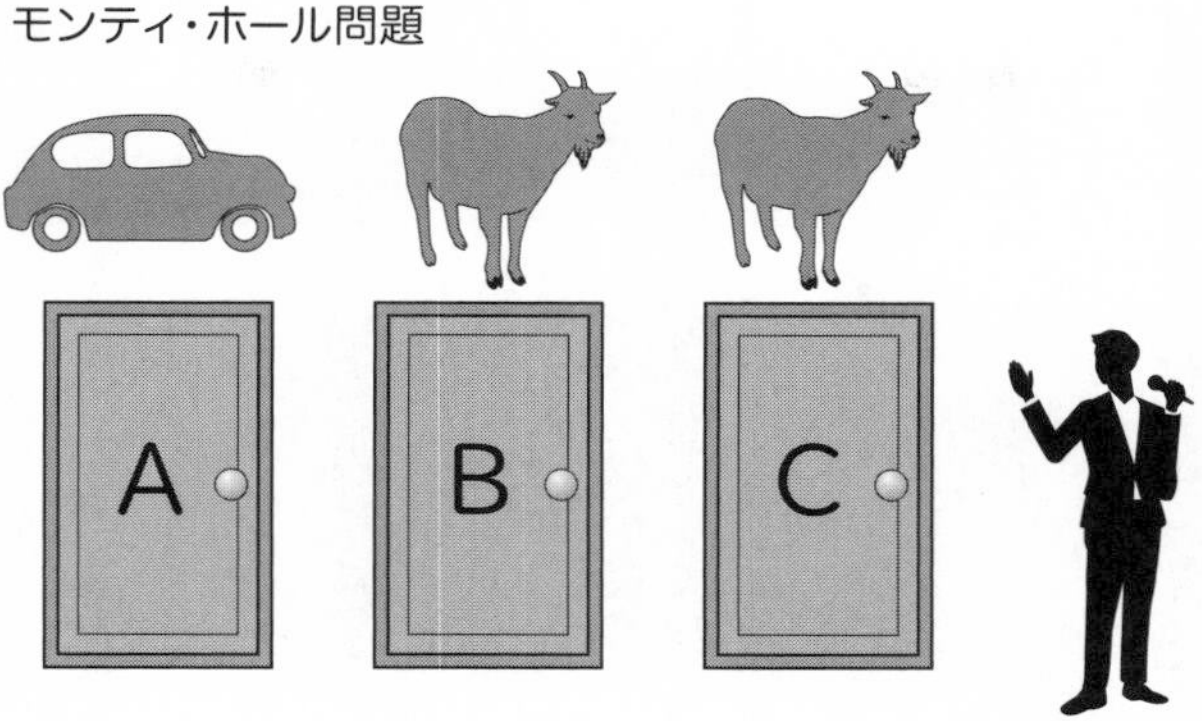

思考力と反骨精神をお持ちの）方は、以下の説明を最後まで読むことをお勧めしたい。

ポイントは司会者の振る舞い

［正解］挑戦者が車を手に入れる確率は、同じドアのままだと3分の1、別のドアに変更すると3分の2。したがって答えは②。

さて、この「正解」に納得していただけるように、直接数え上げて説明してみよう。[2] 197ページの表と照らし合わせながら、じっくりと読んでみてほしい。

まず、三つのドアをA、B、Cと名付け、車はAのドアの後ろにある場合を考える。言うまでもなく、車がBのドアあるいはCのドアの後ろにあっても結果は同じである。

最初に、挑戦者は等しい確率で三つのドアから一つを選ぶ。次に、司会者は残ったドアのいずれかを選ぶわけだが、この選び方には注意が必要だ。結果として司会者が選んだドアの後ろには車はなかったわけだが、司会者は、

(a)車がどちらのドアの後ろにあるのかを、事前に知っていた

あるいは

(b)知らなかった

のいずれだったかによって「正解」が異なってしまう(ここが重要なポイント)。先述の「正解」は、司会者は知っていた、すなわち(a)を前提としているが、その妥当性を論じる前に、とりあえず(a)と(b)に場合分けして考えておく。

(a)司会者が車のあるドアを知っていた場合

挑戦者は最初に選んだドアを変更しないとしよう(次ページの表の①)。挑戦者が最初にドアAを選ぶ確率は3分の1。その場合、司会者はBとCのドア、どちらを選んでもよく、その確率はそれぞれ2分の1であり、いずれの場合も挑戦者は車を獲得する(表の最初の

具体的な確率の数え上げ（車がAのドアの後ろにある場合）

挑戦者	司会者	①同じドア	②ドアを変更	確率(a)	確率(b)
A	B	当たり	はずれ	1/3×1/2	1/3×1/2
	C	当たり	はずれ	1/3×1/2	1/3×1/2
B	A	はずれ	はずれ	1/3×0	1/3×1/2
	C	はずれ	当たり	1/3×1	1/3×1/2
C	A	はずれ	はずれ	1/3×0	1/3×1/2
	B	はずれ	当たり	1/3×1	1/3×1/2

2行では「当たり」となっている）。一方、挑戦者が最初にBあるいはCを選んでしまうと車は手に入らない（「はずれ」）。したがって、①の場合挑戦者が車を獲得する確率は3分の1となる。

これに対して、挑戦者が必ず別のドアに変更すると決めている場合（表の②）は、挑戦者は最初にBあるいはCのドアを選ばなくては、「当たり」にはならず車は獲得できない。まずBを選んだ場合を考えよう。問題の設定によれば「司会者が選んだドアには山羊がいた」わけなので、司会者はドアCを選んだことになり、挑戦者が変更して選ぶドアはAになる。つまり、挑戦者は車を獲得できる（表の4行目）。これは挑戦者が最初にドアCを選んだ場合も同様である。そのため、(a)の場合、表の薄灰部分は決して起こらないので確率は0、上から4行目と6行目はいずれも確率が3分の1である。

これらをまとめると、挑戦者がドアを変更する場合、最初にドアAを選べばはずれ、ドアBあるいはCを選べば当たりとなるので、車を獲得する確率は3分の2となる。このように、必ずドアを変更する戦略②のほうが、何もしない戦略①に比べて2倍高い確率で車を獲得できる。これが「正解」である。

(b)司会者が車のあるドアを知らなかった場合

「ちょっと待て！　司会者が車のあるドアを知っているとは限らないじゃないか」と反論したくなる人もいるだろう。確かにその場合に、同じ計算を繰り返すと表の確率(b)のように、①だろうが②だろうが結果は同じで、車が当たる確率は3分の1のままである。つまり私が最初に述べた直感通りだ。

どうしても解せないあなたへ

しかしここで注意すべきなのは、「司会者が選んだドアには山羊がいた」という事実である。とすれば、この(b)の条件でゲームを繰り返し行うためには、司会者が車のあるドアを選んでしまった場合にどうするかが明記されていなくてはならない。ゲームをその時点で終了させ、挑戦者がドアを選ぶところからやり直すルールだとすれば、197ページの表の中の薄灰色の行は実際には考慮してはならない。

仮にそのルールなのだとすれば、挑戦者は①であろうと②であろうと、いずれも3分の1の確率で車を獲得する（表の1行目と2行目の和）。残りの3分の1は司会者が車を当てる確率である（3行目と5行目の和）。

とはいえそんなルールはどこにも示されていない。ということは、そのルールが必要ない、すなわち司会者は車のあるドアを知っており、必ず車のないドアを開いていると解釈するべきなのだろう。というわけで、(b)ではなく(a)の場合の「正解」が、今回の公式正解となる。

しかしそもそも、司会者が車のあるドアを知っていた場合と知らなかった場合に分類して考えなくては答えが違ってしまうなど、すぐには気づくまい。その意味では、意図的な引っ掛け問題だとも言える。私がそれに気づいたのは、先述の優秀な（物事には必ず裏があることを知っている）博士研究員2名との議論のおかげだった。

このように詳しく説明されてもまだ、納得できない人がいても不思議ではない。実際、上記のルールのもとでコンピュータシミュレーション、さらには、生徒たちを集めた模擬実験が数多くなされており、それらがいずれも上述の「正解」を再現したことから、「正解」をしぶしぶ認めざるをえなかった人も多いらしい。

逆に言えば、正解を理解する以上に、典型的な誤答例を示して、そのどこが間違っているのかを考えるほうがはるかに有用かもしれない。

誤答例を検証する

最初は三つのドアのうち一つだけに車があった。したがって、車を獲得する確率は3分の1。その後そのうちの一つのドアには車がないことが示されたから、車は残りの二つのドアのどちらかにあるはず。ここまでは、問題の状況設定そのままであるが、それを正しく理解していないとついつい間違ってしまう。

［誤答例1］

残った二つのドアのどちらかの後ろに車があることがわかった以上、どちらのドアを選んでも確率は等しく2分の1のはず。したがって①だろうと②だろうと確率は2分の1で、ドアを変えようが変えまいが結果に差はない。

［誤答例2］

挑戦者が最初に選んだ時点では、選んだドアの後ろに車がある確率は3分の1だった。ドアを変えない限り、この確率は司会者がその後何をしようと変化するはずがない。一方、司会者が車のないドアの一つを教えてくれたあとで初めて選択するとすれば、残る二つのドアのいずれかが当たりなので確率は2分の1。

ということは、①の戦略なら3分の1に対して、②の戦略なら2分の1となるので、必ず別のドアを選択する②のほうが車を獲得する確率が高い。

これらはいずれも、異なる可能性があるとそれらは常に同じ確率で起こるはず、という誤解に基づいている。「二つのドアのどちらかに車がある」からといって、それらが等しい確率である理由はない。実際、例えば挑戦者がドアBを選んだ場合、司会者がドアCを開けたのは（表の4行目）、ドアAに車があることを彼が知っていたからだ。その条件の下では、残されたドアAとBの後ろに車がある確率は等しく2分の1というわけではない。

ドアAが確率1、ドアBは確率0なのだ（表をじっと眺めて考えればわかっていただけるはず）。

またこれらとはやや違う観点から考えてみると、

［誤答例3］

結局のところ、司会者が選んだドアの後ろに車がなかったという事実だけが、挑戦者に与えられた情報である。にもかかわらず、(a)司会者が車のあるドアを事前に知っていたか、あるいは(b)いなかったか、で、挑戦者が車を当てる確率が異なってしまうはずはない。したがって、(a)であろうと(b)であろうと、挑戦者が車を獲得する確率に影響はない。

これはそれなりに説得力を持った反論のように思える。そして、これはつまるところ「1回しか起こらない事象に対する確率とは一体何なのか」という深い意味を持つ問いかけでもある。おそらくこの問題をそのまま大学入試に出題したならば、「解くために必要な前提を設問が明確に与えられていない」という正当な批判を受け、受験生全員に満点を与えざるをえないだろう。

確かに、もしも1回だけの事象だと考えれば、司会者が正答を知っていて車のないドアを選んだのか、あるいは正答は知らないが、たまたま選んだドアに車がなかっただけなのかによって、挑戦者の未来が変わるとは思えない。

しかし、この番組の設定では、同じことを多数回繰り返し行った場合、車を手に入れる回数を最大にするためには、①、②、③のどの戦略をとるべきか、という意味での確率を問うていると解釈すべきなのだろう（私は必ずしも納得してはいないが）。

その確率の定義に従うならば、(a)と(b)ではやがて違いが生じる。(a)の場合には、ここで与えられた条件だけで何度でもゲームを繰り返すことができる。一方、(b)の場合には、司会者が車のあるドアを選んでしまった場合のルールを決めない限り、そこでもめてしまう。司会者が車を獲得する、挑戦者が車を獲得する、司会者と挑戦者がじゃんけんしてどちらかに決める、などそれぞれ容認できそうなルールが多数考えられる。そのどちらかによって、(a)と(b)で結果が違うことは理解していただけるだろう。というわけで、誤答例3もまた正しくないのである。

アメリカの数学者らの間で大紛糾

さてその後の個人的調査の結果、この問題はモンティ・ホール問題と呼ばれるパラドクスとして広く知られていることが判明した。人生の様々な局面において私が頼りにしているウィキペディアにも、その歴史的経緯と説明が詳細に記述されている。

それどころか、このテーマに関しては、数学、統計学、物理学、心理学、哲学の立場からの真面目な学術研究論文すら多数出版されているらしい。さらには、モンティ・ホール問題をまるごと一冊解説した一般向け書籍もまた出版されている。[3] ご存じの方々がいるかもしれないが、とりあえずその歴史を簡単にまとめておく。

1963年から1977年まで放映されたアメリカのテレビ番組“Let's Make a Deal”でたびたび行われたのがこの問題の原型となったゲームで、その番組の司会者がモンティ・ホールである。

モンティ・ホール問題が全米で大きな話題となったのは、新聞の日曜版に付録としてついてくる雑誌Paradeの名物コラム“Ask Marilyn”が発端だった。その担当コラムニスト、マリリン・ボス・サバントは1990年9月9日、読者からの質問に対して「もちろん別のドアに変更すべきで、その場合、車が当たる確率は2倍になる」と（正しく）回答した。

しかしこの回答に対して、最終的には1万通を超える反論の投書が寄せられた。しかも、それらには数学あるいは科学の博士号取得者からのものが1000通以上含まれており、いずれも「そのような間違いを犯すとはアメリカの数学教育のレベルは暗澹《あんたん》たるものだ」という厳しい糾弾調だったらしい。

天才数学者として知られるポール・エルデシュ[4]ですら、その「正解」は間違いであると断言した。その後その問題と「正解」を教えた弟子に対して、なぜ状況設定を正しく説明しなかったのかと厳しく叱責したというエピソードまで残っている（私も激しく同意する）。にもかかわらずサバントの示した「正解」は間違っているという立場を崩さない論文を発表し続けた研究者グループも存在した[5]。

この過剰とも思える反応は、サバントがギネスブックで最も高いＩＱを持つ人物と認定されたことがあるという事実とも無関係ではあるまい[6]。しかし、極めて簡単に思わせておきながら全く直感に反する「正解」を持つモンティ・ホール問題の魅力こそ、その本質だ。その結果、１９９１年7月21日付けの『ニューヨークタイムズ』の日曜版1面で大々的に取り上げられるという異例の事態にまで発展した。

苦渋の決断のヒント

モンティ・ホール問題についてのネタはまだまだ尽きないが、それはすでに紹介した書籍をご覧いただくとして、そこから私が学んだ人生の教訓をいくつか書き連ねて、今回のまとめとしたい。

【教訓1】極めて単純な設定でありながら、職業的数学者や統計学者すら簡単に騙せる高度な詐欺の手口がまだ残っている。

【教訓2】数学者の結論は常に正しいと期待されているため、間違いを犯してしまった他の数学者を厳しく糾弾する一方で、結果的に自分が間違っていたことが判明した場合には、全力を傾けてその問題自体の不備を指摘しようとする。[7]

【教訓3】数学者は、一日面白い問題を聞くと、とことんそれを一般化しようとする偏執狂的な情熱にとりつかれた特殊な人々である。[8]

【教訓4】このような興味深くも難しい問題が、新聞の日曜版1面で取り上げられる程度にアメリカの（かつての）新聞購読者層の平均的知的水準は高い。その一方で、このテレビ番組で用いられた景品が車と「山羊」であるという牧歌的なバランス（あるいは高度なエスプリ）は、アメリカ社会に横たわる文化と価値観の多様性と格差社会の存在を暗示している。

我々が実生活で、車か山羊を獲得するような確率的選択を迫られる可能性は極めて低い。しかしさらに込み入った、予想不可能な苦渋の選択に悩まされることは決して稀ではなかろう。その重大な岐路において、今までの人生をそのまま踏襲し続けるべきか、あるいは、思い切って全く未知の人生の選択肢にすべてを賭けてみるべきか。

私自身は、なるべく今までの人生を「変更しない」選択にしがちだ。これは、日本人、特に私のような高齢者だけに当てはまる傾向なのだろうか。しかし、モンティ・ホール問題から得た教訓によれば、統計的にはどのような行動に出るべきか、正解は自明なのかもしれない。

［1］ **念のための忠告**：言うまでもないが「関係者出てこい！」という言葉は、周囲に関係者がいないことを十分確認した上で注意深く発すべきである。

［2］**シンプルイズベスト**：正解を導くやり方はいろいろとある。ここではもっとも単純に、すべての可能性を尽くす方法を選んだ。条件付き確率に基づくベイズ統計の考えを用いることもできる。ただし、ここでは正解を上手に説明するのが目的ではないので、泥臭くても直接的な方法を採用した。

［3］**参考書**：ジェイソン・ローゼンハウス『モンティ・ホール問題——テレビ番組から生まれた史上最も議論を呼んだ確率問題の紹介と解説』（松浦俊輔訳、2013年、青土社）。数学者が、モンティ・ホール問題を様々な角度から徹底的に分析した本。確率を解説した章を理解するには、理科系大学教養学部程度の数学の知識が必要であるが、その部分は読まずとも十分楽しめよう。ただし、パラドクスを取り扱ったものであるにもかかわらず、意味がわかりにくい翻訳文と若干の数式上の誤植の結果、余分な混乱を与えている箇所が散見される点は残念。

［4］**ポール・エルデシュ**：ウィキペディアによると、生涯に約1500編もの数学論文を書いており、これ以上に多数の論文を発表した数学者はオイラーだけだとされているらしい。いつ寝ているかわからず1日19時間数学の問題を考えていたらしい。やれやれ。

［5］**間違った論文も重要**：物理学において「間違った」研究論文が発表される例は全く珍しくない。それへの反論と修正を通じて全体として研究は進展する。したがって、明確な反論が出たあとでも、意地になって以前の説に固執する研究者はほとんどいない（と思う）。それどころか、「あんな論文を書いたのだから、少しは反省しろよ」と言いたくなるほど、臆面もなくまた新たな「間違った」研究論文を次々と発表することで学問の進展に寄与し続けている輩も少なくない。

［6］**マリリン・サバント**：ギネスブックが1989年に採用した彼女のIQは228である。この値にはい

ろいろな批判がなされているようだが、私にとってずっと興味深かったのは、学問や学者を意味するサバント(Savant)という名字が本名だったことと、彼女の父親(ヨゼフ・マッハ)が、哲学者・物理学者として有名なエルンスト・マッハの子孫であったこと、の2点である。

[7] **自省**:恥ずかしながら冒頭で紹介した私自身の対応もこの例に該当する。

[8] **数学者畏るべし**:今回紹介した程度の議論ならば私は楽しく読めるが、これでも十分面倒だと思われる方も多かろう。しかし、数学者は誰に頼まれたわけでもないのに膨大な数の拡張版モンティ・ホール問題を思いついては、よってたかって解き合っては喜ぶ変態人種である(実はうらやましい)。ドアの数を3ではなく一般にnとしたら? 賞品を当たりとはずれの2種類だけではなく価値の高い順に$v_1, v_2, \ldots, v_n$とした場合の戦略は? 三つのドアに等しい確率で車があるのではなくp_1, p_2, p_3の異なる確率が割り振られている場合は? 司会者あるいは挑戦者が2名いたら? 確かに思いつくだけなら簡単だが、実際に解くのは至難の業だ。そもそも解けるかどうかすらわからない。常識的社会人ならば、こんなことをやっていたら本業がおろそかになると心配するところだが、数学者にとってはそれこそが本業なのだ(やっぱりうらやましい)。

「青木まりこ現象」なる不可解なもの

私はネット上に氾濫する無責任な匿名の情報や意見は、不愉快になるだけなので読まないようにしている。その一方、高い信頼性と良識を誇るとされている我が国の新聞各社が出している電子版（ただし無料の範囲に限る）にはほぼ毎日目を通す。

可も不可もないかわりに安心して読めるA新聞とM新聞、新聞社というよりも週刊誌と勘違いしかねない過激な見出しでありながらそれなりに筋が通っているかのように思わせるS新聞、読み始めると止まらなくなる「発言小町」を有するY新聞。印刷版の紙面に比べて、各社の個性がより色濃く現れているようだ。

中でも楽しみにしているのは、『日本経済新聞』に時折登場するコラムである。同社関連の雑誌の抜粋であったり、記者の方々の独自の取材によるものだったり、形態は様々であるが、いずれもユニークな問題設定そのものに唸らされることが多い。例えば次のようなタイトルを目にすると、読む前からすでに楽しい気持ちになる。

「シロップは下」が東京流　かき氷にも千年の歴史（日本経済新聞電子版〈以下同〉、2011年7月29日）

なぜ消える？　丸の内のレトロな名称「ビルヂング」（2011年12月2日）

ニホンVSニッポン　「日本」の読み方、どっちが優勢？（2012年1月4日）

なぜ「ビールホールでビアを飲む」とは言わないのか（2015年6月24日）

日本橋の「ん」　ローマ字では「n」か「m」か（2020年6月28日）

「青木まりこ現象」からみた不眠を呼ぶ黒魔術の考察（2015年9月8日）

ただし最後のタイトルだけは全く意味不明。早速読んでみると、すでにウェブで公開されたある記事を再構成したものらしい[1]。

それにしても「青木まりこ現象」という言葉は、好奇心を刺激するに足るだけの強烈なインパクトを持つ。もちろん、早速ウィキペディアで検索した。そこで目にした記述は、今まで私が参考にさせてもらった数多いウィキペディアの項目の中でも、一、二を争う秀逸さであった。

どなたかが1人で執筆されたのか、あるいは多数の執筆者によるいわゆる集合知なのかはわからない。いずれにせよ、そこには科学の根底を流れる方法論のお手本とも言うべき姿が浮かび上がっている。

そこで今回は、ウィキペディアに記載されている「青木まりこ現象」項目[2]の情報のみに基づいて（つまりそこで引用されている原典とおぼしき文献にはあたることなく）、科学とはいかなる営みであるかを考察してみたい。[3]

謎を発見する

以前より、私が科学者の役割として強調しているのは、古くから知られている難問を解決することよりも、今まで知られていなかった新たな謎を発見することである。謎がない世の中ほどつまらないものはない。古くからの謎を解決してしまった科学者は、その罪滅ぼしにそれ以上に面白い謎を発見する責任があるはずだ。その意味において、見過ごされてきた不思議なことに着目し、科学的な問題として提起する態度こそ、科学という営みの第一歩である。

「青木まりこ現象」は、『本の雑誌』（40号、1985年2月、本の雑誌社）の読者欄に掲載された、青木まりこ氏の「理由は不明だが、2、3年前から書店に行くたびに便意を催すようになった」という投書が発端となり名付けられたとされている。また、その症状を呈する人々は書便派と呼ばれ、当時大きな話題となり、その後現在に至るまでしばしば特集を組まれたりして議論が継続しているようだ。

不明にしてこの名前を耳にしたことがなかった私であるが、この現象自体は以前より知っていた。結婚直後に、家内から自分は書便派である旨のカムアウトを受けていたからである。家内は「青木まりこ現象」という言葉は知らなかったようなので、他人から影響を受けたわけではないと思われる。実際、この現象が大きく取り上げられてきた背景には、日本全国に生息する無数の書便派の共感を得たためだろう。

そのような数多くの経験者が見過ごしてきた現象を、重要な謎として実名で提起した29歳（当時）の青木まりこ氏の勇気と科学的嗅覚は賞賛に値する。

統計的に有意であるかの検証

むろん、提起された謎や新発見を鵜呑みにしてはならない。客観的な事実なのかどうかを検証する必要がある。ウィキペディアには

ごく小規模な調査によると、日本全国に書便派は存在することから地域差は認められないが、男女比は1対4ないし1対2と女性に偏りがみられるという。また、いわゆる「体育会系男子」には少ないという説もある。

推定される有病割合は、10人から20人に1人という報告がある。少なくとも日本全国に、数百万人は体験者が存在するという概算もある。

との記述がある。「ごく小規模な調査」というのが何をさすのか、残念ながら私は直接調査・確認することはできなかったが、それにしても自信にあふれた記述ではある。

その統計的な有意性に関してはコメントできないものの、今回の目的は「青木まりこ現象」の真偽の議論ではなく、それをもとにした科学の方法論の確認であるため、とりあえ

ず、これを「鵜呑みにして」以下に進む（ただし、この点に関しては、科学者として糾弾されて然るべきである）。

間違いを恐れず仮説を提案

一旦謎が確立すると、それを説明するための仮説が数多く提案される。ある謎だけに着目すれば、屁理屈も含めて一見正しそうな仮説を思いつくことはさほど難しくない。そして、明らかな矛盾が見出されない限り、それらは正式な研究論文として専門誌に掲載される。むろん、科学において正解は一つしかないから、それら無数の論文で提案された有象《うぞう》無象《むぞう》の仮説のほとんどは、あまり重要ではない、もっと平たく言えば間違いなのである。

しかしながら、正解に至る過程で、ありとあらゆる可能性を検討することは大切である。このため、特に理論研究においては、間違った仮説を提案したとしても、必ずしもマイナス評価を受けるわけではない。むしろそれら異なる仮説の取捨選択と試行錯誤を繰り返して、最終的に正解を発見する営みこそが科学の本質だからである。

さて、「青木まりこ現象」の場合、どのような仮説が提案されているのだろうか。代表的なものを列挙してみよう。

①匂い刺激説（紙やインクに含まれるなんらかの化学物質に起因する）

②排B習慣説[4]（自宅のトイレで本を読むことが習慣となっているため）

③プラセボ効果（自分の過去の経験や期待、さらに他にも多くの人が経験しているという裏付けによる心理的な影響）

④緊張・焦燥感説（膨大な知の洪水にさらされる、あるいは買う本を決めなくてはならないといった精神的プレッシャーがB意をもたらす）

⑤ソマティック・マーカー仮説（情報化が進んだ現代においては過度の情報はむしろ害となる。それを避けるために起こす身体的な逃避あるいは防衛反応としてのB意）

⑥リラックス効果（書店という空間でゆったりと好きな本を探すという行為がもたらすリラックス感がB通を促進させる）

⑦視線説（伏し目がちのまま立ち読みすることで瞼《まぶた》が緩みリラックスする、あるいは本の背表紙の活字を縦方向に追いかける視線の動きによってB意が誘発される）

⑧姿勢説（直立あるいは少しうつむいた姿勢で立ち読みすることで腹筋に力が入り刺激を受ける、あるいは、平積みの本を手に取る際に前屈みになることで、立位においては通常後方に湾

曲している直腸がまっすぐになりBが肛門まで下りてくる）

⑨形而上《けいじじょう》説（読書とは、内なる自己を外界から隔離して智の宇宙を瞑想する行為であり、人間の内と外をつなぐ実存的な排Bという行為を想起させるのは自然である）

⑩交絡因子説（書店とB意の間には直接的因果関係はなく、書店には軽く飲食したあとに散歩しながら行くことが多いため、単にタイミングが一致するという相関を見ているに過ぎない）

以上、主な仮説を10個紹介したが、さらに細かい違いまで取り出せばその数倍から10倍もの異なる仮説が存在することだろう。科学とはこのように、ありとあらゆる可能性を論じ尽くすことから出発するのである。間違いを恐れてはならない。

仮説を比較し淘汰する

科学研究の現場では、同僚や共同研究者らによる批判と議論、研究会や学会での発表、投稿論文に対する査読者とのやりとりなどを通じて、提案された無数の仮説が検証され、さらに深化あるいは棄却される、といった作業が延々と続く。これらは個々の研究者あるいは研究グループ単位で行われるのだが、それらは結果としては国際的な規模で系統的に科学を少しずつ、かつ着実に進歩させる。

とはいえ、仮説の正しさを厳密に判定するのは難しい。実験によって明確に白黒がつく場合もあれば、その仮説自身は間違っているわけではなくとも、他の現象と照らし合わせてそれが主要な役割を果たすとは言えないという議論で棄却される場合もある。

そのため、科学においては、反証可能性や予言能力が重視されることが多い。これらの観点から上記の仮説を検討してみよう。

①は印刷所社員や書店員にはそのような症状が顕著には見られないことから棄却できるかもしれない。しかし、それは常に書籍に接している職業人が耐性を獲得した結果かもしれないので、①を完全に棄却することはできない。

②は間違っているとまでは言い切れないが、トイレで本を読む習慣がない人（例えば私の家内）にまで症状が出ていることから、少なくとも重要な効果であるとは言えまい。

③に関連して、ある記者が4名のB秘女性に具体的な実験内容を伝えることなく「本が読めるおしゃれカフェ」で行った実験によれば、重度のB秘症であった1名を除く3名は間もなくB通が得られたという。しかし医学や心理学実験ではありがちな被験者の少なさ

に基づく統計的信頼度の低さを考慮すると、プラセボ効果がないとまでは結論できまい。

④から⑦は、それなりにありそうな気がするものの先述の反証可能性という立場からは、このままでは科学的な仮説とは言い難い。もう少し仮説の内容を具体化し、実験が可能な定量性を備えるまで深化させた上で再度提案すべきであろう。

⑧は医学的な知見に基づいた合理的な仮説のように思える。レントゲン撮影などを駆使すれば、その定量的な検証も可能であろう。しかしながら、その検証のために被験者に与える心理的・身体的影響のため、測定すべき本来のB通の度合いを歪めてしまう可能性が高い。書店で立ち読みしている際に定期的にレントゲン撮影をされてしまうと、通常の神経の持ち主であれば確実にB意を喪失してしまうに違いない。被験者により優しいすぐれた実験法の開発が望まれる。

⑨は、科学が明確な解答を与えられない難問の存在を聞きつけると必ず登場する、哲学的トンデモ説の典型例と言うべきだ。読書と排Bに対して、このような修辞的な美文を想起できる能力自体は評価できるのだが、科学の本質とは無関係である。厄介なことにこの類のレトリックに感化されがちな人々が一定数存在する事実にも注意を喚起しておきたい。

⑩は、「青木まりこ現象」に関して該当するかどうかは別として、科学において常に心

しておくべき重要な指摘である。実際、二つの現象の間の相関と、それらの因果関係とは別ものであり、明確に区別すべきだ。よく用いられる笑い話では、「飛べ！」と命令すると必ずジャンプしていた蛙の足の筋肉を切断したところジャンプしなくなったことから、蛙の聴覚器官は足にあると結論した科学者（哲学者？）が登場する。

これほどでなくとも、「日本の高度成長期においては、大気汚染が悪化する一方で平均寿命は延びた」という実際の相関を無批判に解釈すれば、「大気汚染は人間にとって有益である」との結論に至る。この類の誤りは、意図的なものも含めて世の中に蔓延している。その意味では⑩の指摘は極めて教訓的である。

標準理論の構築とその先を目指す

以上の考察に基づくと「青木まりこ現象」にはまだ定説が存在するとは言い難い。通常の科学の場合、無数の仮説の比較検討を通じて、やがてはある種の標準理論が構築される。その後は、それをさらに高精度で検証する実験や観測が繰り返されることで、その理論が確立する、あるいは修正される。このエンドレスの営み自身が科学なのであるが、残念なことに「青木まりこ現象」を通じた今回の科学の方法論講座においてはそこまではお伝えできない。

さて、一般に科学とは多くの先行研究をもととして、長い時間をかけて熟成するものである。したがって、初めて発見したと思っていても、よく調べてみるとすでに知られていた結果の再発見である場合も少なくない。「青木まりこ現象」もまた、古くは吉行淳之介《よしゆきじゅんのすけ》が1957年に発表した「雑踏の中で」においてすでに言及されているそうだ。つまりこれもまた「科学上の発見には本当の発見者の名前がつけられることはない」というスティグラーの法則の一例に過ぎないのかもしれない[5]。

最後になるが、私はスーパー（マーケット）に買い物に行くと、必ず「青木まりこ現象」を発症してしまうスーパーB、すなわち「超B派」である。特に夏に顕著に発症するのだが、これは店内の特に生鮮食料品売り場周りの冷気が強過ぎるためであると確信している。そのため、これからスーパーに買い物に行こうと想起しただけでも催してしまう。

というわけでこのスーパーB現象はすでに科学的に解明済みであり謎というわけではない。一方、日本のエネルギー問題を考えると、あの無駄な冷気を抑える工学的工夫あるいは政治的規制の余地は大きい。利B性よりも環境を重視する超B派を代表して、善処を切望する。

[1] **元記事**：三島和夫「〝青木まりこ現象〟からみた不眠の考察：睡眠の都市伝説を斬る（第29回）」ナショナルジオグラフィック、http://natgeo.nikkeibp.co.jp/atcl/web/15/403964/071700014

[2] **ウィキペディア記事のお手本**：https://ja.wikipedia.org/wiki/青木まりこ現象

[3] **科学的思考法のお手本**：（本書を読んでいるとは思い難い）科学哲学関係の若者がいたとしたら、ぜひとも切り抜いて繰り返し熟読していただきたい。

[4] **Bで代用**：初稿の段階では「便」という漢字が頻出していたため、連載掲載時に媒体の品位をけがす恐れを抱いた担当編集者から改善勧告を受けた。編集長に確認しないことには、このまま掲載可となるかどうかすらわからないとのことだった。たかがこの程度の問題で、言論統制だとか言葉狩りだとか騒ぎ立てては大人気ない。そこで、以下では混乱が生じない限り適宜Bという文字で代用する（ちなみに、どんな場合に混乱が生じうるのかは不明である）。

[5] **スティグラーの法則**：ウィキペディアによれば、この法則に名前を冠せられているシカゴ大学の統計学者スティーブン・スティグラーは、その法則の真の発見者は社会学者のロバート・マートンであると主張しているそうだ。

第 4 部

常識を超える真面目な宇宙論

個々の天体ではなく、宇宙そのものの起源と進化を研究するのが宇宙論である。かつて、宇宙論は神話や哲学と不可分であった。一方、20世紀に生まれた相対論と量子論を背景として、飛躍的進歩を遂げた現代宇宙論は、すでに既知の物理学の枠内では答えられないような謎に直面している。

それらの謎の探究は、現代科学の蓄積を基礎としてその先にある未知の科学を模索するという意味で、「科学的哲学」と呼ぶに相応《ふさわ》しい（科学を哲学するという意味で用いられているいわゆる「科学哲学」とは似て非なるものである）。

現代宇宙論をとことん突き詰めた先にあり、常識とかけ離れているものの科学的にはもっともらしい真面目な宇宙論を一緒に楽しんでみよう。

この宇宙のはるか先どこかに並行宇宙はあるのか？

数学の無限大、物理学の無限大

長年、物理学とか天文学などをやっていると、無限大という概念に向き合わざるをえなくなる。それどころか、それらの概念をどや顔で学生に講義したりもする。しかし、数学が対象とする理想化された世界はともかく、我々が住むこの現実世界においてそのような概念が本当に実在しうるのだろうか。

数学とは異なり、自然科学に登場する無限大とは、あくまで現時点の観測精度の範囲で無限大とみなしても差し支えない、すなわち「近似的にはほとんど」無限大程度の意味でしかない[1]。それとは全く逆に、この自然界は我々の想像以上にはるかに数学的であり厳密な意味での無限大が実在するに決まっている、という過激な思想もありえよう。ついつい真面目に考え始めてしまうと、悩ましい。

自分だけで悩んでいても苦しいだけなので、今回もまた、一緒に悩んでもらえる同志を募ってみたい。ただしあらかじめお断りしておくと、以下では想像を絶する大きな数が登場する。途中でめまいを感じたり体調が芳《かんば》しくないと思われたりした方は、ただちに本を閉じて横になって休まれることをお勧めする。

宇宙は誕生したときから無限大?

機会があるたびにいろいろな場所で連呼しているのだが（108ページ参照）、「宇宙が点から爆発して生まれた」というのは大きな誤解である。宇宙膨張を説明する際に頻繁に用いられる風船の図、さらには、そもそもビッグバンという単語自体が、あたかも点が爆発したイメージを与えてしまっているためであろう。その責任の一端は、面倒くさい説明を避け、インパクトのある表現だけで済ませようとする専門家にある。

もしも本当に遠方のある一点から爆発して宇宙が誕生したのであれば、そこから我々に届く光は特定の方向からやってきて、かつ一瞬で通り過ぎるはずだ。ところが、ビッグバンの名残である宇宙マイクロ波背景輻射は全天のあらゆる方向に等しくしかも常に降り注いでいる。これは、我々の周りにはどの方向でもかつそのさらに奥の領域に至るまで同時に「ビッグバン」という状態が広がっていたことを意味する。光の伝搬速度が有限であるため、より遠方の光ほどさらに遅れて現在の我々に次々と到着している結果である。

そもそも、「遠方のある一点を観測している我々」とは、あくまで宇宙の中にいる我々が観測する事象に対して用いられる表現のはずだ。しかし、その「一点」が全宇宙だとすれば、我々はその宇宙の外にいることになり、我々は宇宙の誕生を遠くから見る神様（?）のような存在になってしまう。明らかにおかしい。

つまり、日常生活で想像する爆発現象と、ビッグバンとは全く異なる概念なのだ。強いて言うならば、ビッグバンとは「一点での爆発現象」ではなく、「宇宙初期における極めて広大な空間領域が高温高密度の状態であったこと」を示す表現だと解釈すべきだ。

標準宇宙論によれば、宇宙は体積が有限ではあるが果てがない[2]、あるいは体積が無限大である、の二つの場合に限られる。そして観測的には、仮に有限であるとしても現在観測できる宇宙の大きさの少なくとも10倍程度以上でなくてはならないとの制限が得られている。

この10倍という値は、どのデータをどう解釈するかに依存して大きく変わるのだが、観測可能な領域（半径138億光年）よりもはるかに大きいという意味において、「ほぼ」無限大であると言ってもいい。この状況をさして、私は意図的に「宇宙は誕生したときから無限大だ」と説明している。

これは、広く信じられている感のある「宇宙は点から始まった」との誤解を払拭するためにあえて強調しているのだが、この無限大が、単に比喩的な近似でしかないのか、あるいは数学的な意味での厳密な無限大であるかについては正直わからない。真面目な答えを求められれば、今後いくら観測が進歩しようと、数学的な意味で宇宙が無限大である証拠が得られる可能性は皆無だ、と言うしかない。

観測できない以上もはやその両者の違いなぞどうでもいいような気もするが、実は以下で述べるように、さらに突き詰めていくと「ほぼ無限（メチャクチャ大きい）」と「無限」とでは、全く異なる宇宙像に行き着くことがわかる。

隣の宇宙も時間が経てば少しずつ見えてくる

これまたよく誤解されているようだが、天文学者が「宇宙」という単語を用いる際には、

「現在我々が観測可能な範囲内の領域」と、「その先に広がっている（はずの）全宇宙」という、全く異なる二つの概念の区別をあいまいにしていることが多い。そのために、聞いている人々が混乱してしまっているのである。

そこでここでは、前者を我々のユニバース、後者を我々のマルチバースと呼んで区別する（101ページ参照）。わざわざ「我々の」をつけたのは、後述のように、我々が住んでいない別のユニバースやマルチバースが存在しているかもしれないからである。

現在のユニバースの年齢は138億年である。したがって、現在観測可能な範囲は、光が138億年かかって我々に到達可能な領域に限られる。これは、我々を中心とした半径138億光年[3]の球の内部であり、（現在の）地平線球と呼ばれる。

しばしば、「宇宙の外には宇宙があるのですか？」と聞かれることがある。もしもこの二つの宇宙が同じ意味であるならば、質問自体が論理矛盾していることになり、回答不能だ。したがって正確には「我々のユニバースの外には別のユニバース、あるいはマルチバースがあるのですか？」と解釈すべきなのだろう。その場合には、答えはイエスとなる。

すでに述べたように、我々の住むマルチバースの体積はほぼ無限である。したがって、半径138億光年のこのユニバースの外には、無数の別のユニバースが連なっているはずだ。仮に今からさらに１３８億光年経てば、隣のユニバースも観測可能となり、我々のユニバース（地平線球）の定義が拡大して半径２７６億光年の球になる。[4] 原理的には時間が経てば経つほど観測できる地平線の範囲が広がり、このマルチバースの中で我々のユニバースが占める体積も徐々に増大する。

といっても、ここまではマルチバースの体積が「無限」なのか、「ほぼ無限」なのかによる違いはあまりない。重要なのは、我々のユニバースの体積はあくまで有限だという事実である。

我々のユニバースと同じ宇宙が存在しうる理由

有限体積のユニバースは有限個数の素粒子からなっている。その意味において、このユニバースは有限個の自由度で記述し尽くせるように思われる。

もう少し具体的に説明してみよう。我々のユニバースの体積内の総質量は太陽質量の約10^{22}倍である。[5] これは陽子（水素の原子核）10^{80}個に対応する。陽子はミクロな世界を支配する量子論によれば、10^{-13}センチ以下の距離には近づけない。その最小長さを一辺とする立方体は、我々のユニバースの体積内に約10^{123}個詰め込むことができる。

実際には、その立方体の中に陽子があるかないかの2通りの可能性がある。我々のユニバースは、10^{123}個の立方体の中で、特定の10^{80}個にだけ陽子が入っている場合に対応する。ただしより一般には、その立方体群に対する陽子の配置は2の10^{123}乗個の異なる選び方がありうる。これはとてつもなく大きな数ではあるが、無限個ではない。あくまで有限個である（これを有限自由度で記述される系と呼ぶ）。

その場合、我々のユニバースを含むマルチバースが真に無限の体積（ほぼ無限ではなく）を持ち、その中で陽子が完全にランダムに配置されているならば、遠く離れたどこかに有限体積の我々のユニバースと全く同一の配列を持つ別の有限体積のユニバースが存在（しかも無限個）するはずだ。

この結論は難しいかもしれないので、コラムにまとめて説明しておく。暇ができたときにじっくり眺めて考えれば、納得していただけると期待したい……。

自分のコピーがどこかに存在する？

ここまでで、我々の住むマルチバースが本当に無限の体積を持つならば、その中で我々のユニバースと同じ体積を持つ無数の独立なユニバースのうち、2の10^{123}乗個に一つは、我々のユニバースの物質配置通りのクローンコピーとなることが示された。

この数値自身はかなり大雑把なものではあるが、我々のユニバースが有限の自由度で記述し尽くされるのならば無限大体積内に、全く同一のユニバースが（しかも無限個）繰り返し登場するという衝撃的結論は避けられそうにない。

次の疑問は、そのコピーはどこまで我々のユニバースと同じなのか、あるいは物質配置は同じであろうと異なる性質を持ちうるのか、である。10^{80}個の陽子の配置が完全に同一であるということは、まさにこの瞬間の宇宙内の全天体の分布はおろか、太陽系、地球、日本、読者の皆さん、微生物に至るまで、ありとあらゆるものの物質分布が完全に一致していることに他ならない。ただそっくりというだけでなく、物質配置という観点からは完全に同一なのだ。

さて、それでは、私の脳細胞から神経の細部に至るまで全く同じコピーが存在するとして、その私のコピーは私自身が持つ考え方や記憶までをも共有しているのだろうか。

この問いに自信を持って答えることは困難だ。心が完全に物質に帰着できるのかという大問題に対して、現在の科学は未だ自信を持って答えることはできない。しかし、大多数の科学者は、完全に物質配置が同じ私のコピーはこの私自身と区別できないという（人によっては不愉快にも思える）結論に同意するのではあるまいか。つまるところ、この私の意識はなんらかの形で、脳や神経系など、私を構成する全物質のネットワーク内に閉じているはずなのだから。

意識がどこに宿っていると特定することはできないにせよ、この私を構成する物質の外に宿っているはずはない。とすれば、全物質の配置が完全に同一の「別のユニバース」と「このユニバース」とは、そのユニバースに存在しているであろう知的生命の意識や記憶まで含めて、原理的に区別できないことになる。[6]

ただし、ここまでの議論は、有限個の粒子からなる系は有限の自由度しか持ちえないという前提から導かれていることは強調しておくべきだ。いわば、粒子の状態あるいは情報はデジタル化（例えば0と1だけの世界）されており、その取りうる範囲が決まっているという仮定だ。仮にこのユニバースを構成する粒子がどこかにアナログ的情報を持っているならば、上述の意味で全物質の配置が同一の別のユニバースが存在したとしても、このユニバースと完全に同じ特徴を持つとは限らない。というわけで、これまた考え始めると頭が痛くなるのである。[7]

この世界はアナログか、デジタルか

果たしてこの自然界は、デジタル世界なのかあるいはアナログ世界なのか。これはあまりに壮大な難問であり、私には全くわからない。少なくとも、物質世界に関する限り、すべては素粒子からなっているという意味では、デジタル化されている。さらに、時間や空間にもまた最小単位があると主張する理論も存在する。

この宇宙を記述する基本物理定数のうち三つ、すなわち光速度 c、ニュートンの重力定数 G、プランク定数 $\hbar$、を組み合わせると、プランク長さとプランク時間と呼ばれる長さと時間の次元を持つ量を計算することができる。それらはそれぞれ 10^{-33} センチ、10^{-44} 秒という途方もなく小さい値となる。通常それらは、現在知られている物理法則が通用しなくなり、未知の物理法則に支配されるスケールだと解釈されている。例えば、それらを空間と時間の最小基本単位として、この自然界は物質も時空間もともにデジタル化されているのかもしれない。

また、そうでないとしても、任意の精度でアナログ宇宙を近似できるデジタル宇宙を想像することはできる。[8]

デジタルとアナログ

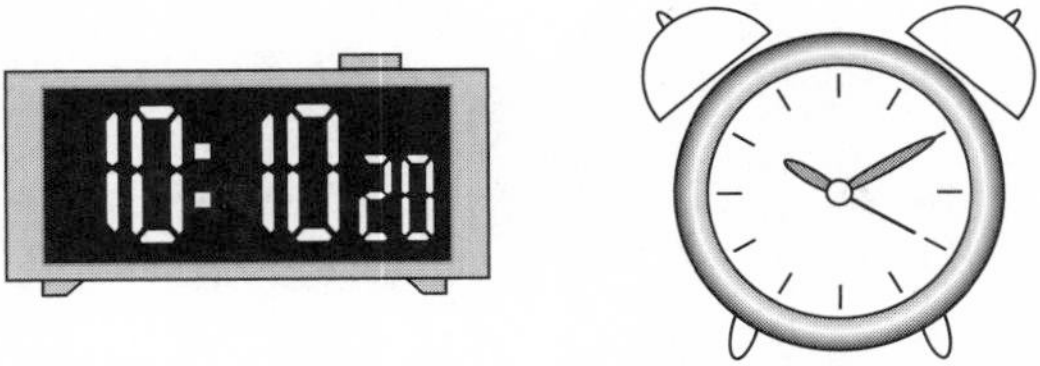

デジタル時計は、時分秒の24×60×60＝86,400通りの表示しかない。一方アナログ時計は、人間の目では区別できなくとも、針の位置は連続的に動いているはず

解像度を変えた地球のデジタル写真

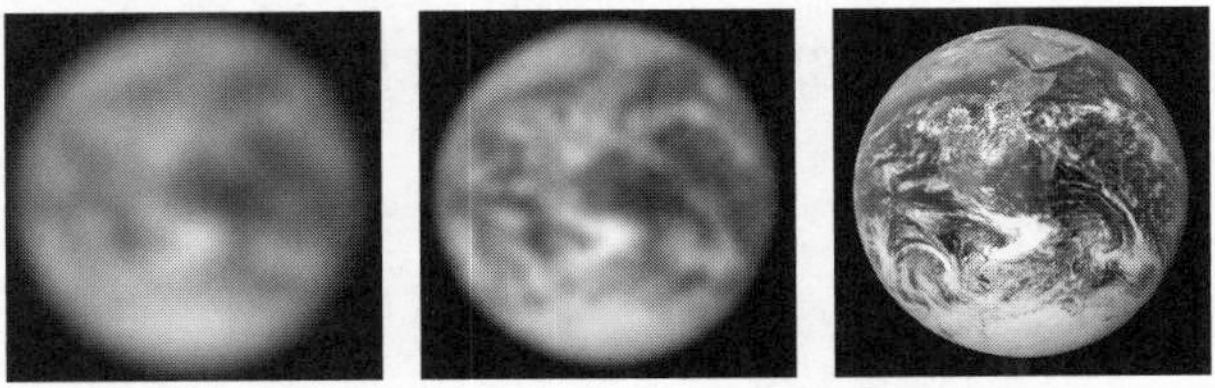

ここに示した例は、異なる解像度で表現した地球の画像である。右に行くほど解像度は高くなる。言うまでもなく、これは地球の情報の「デジタル近似」である。しかし仮にこの解像度をさらに高めて、すべての素粒子を分解できるほどの画像（実際には３次元でなくてはならないが）が得られたならば、もはやそれが持つ情報量が本物の地球の持つ情報を完全に包含してしまうのではあるまいか。もしもそれが正しければ、この現実世界はアナログではなく、本質的にデジタル世界であるということになる。むろん、正解は知らないが、とても魅力的な疑問であることに間違いはない

さて、今までの議論を組み合わせると、「並行宇宙は実在する」という驚くべき結論が導かれる。そして、この結論に至る重要な三つの仮定は以下の通り。

①我々の住むマルチバースの体積は無限である。
②そのマルチバース内にある無限個の異なるユニバース内では、物質が完全にランダムに配置される。
③我々の住むユニバースは有限自由度で記述できる。

異論があるのも承知の上で言うならば、これらはいずれも決して不自然だとは思えない。そしてこれらが正しいと認めてもらえるならば、我々のユニバースからはるか彼方で事実上決して知ることができないような場所に、我々と全く同一の並行宇宙が、しかも無限個(!)実在しているはずなのだ。

仮に③の条件を若干緩和して、「我々の住むユニバースは十分高い精度で、有限自由度で近似的に記述できる」とした場合でも、我々のユニバースとどこまでも似たユニバースは存在している可能性が高い。例えば、そこでは、目本国西京都文教区に勤務する私もどきが、夕日新聞出版から怪しい本を出版している、というわけだ。

知性の存在しない宇宙

いずれにせよ、我々の宇宙が「ほぼ無限」なのか「無限」なのかは、その度合いによっては畏るべき違いを生むことがおわかりいただけたであろう。「数学的な意味での」無限が実在するはずはなく、したがって並行宇宙も存在しない（存在する必然性はない）。これは明らかに常識的な解釈である。でも同時につまらない。

マックス・テグマークはその著書で、純粋に数学的な構造には必ずそれに対応する宇宙が実在するという過激な思想を展開している（146ページの注[5]参照）。これを私なりに言い換えれば、数学における無限という概念はこの自然界にも存在し、それが異なる無数の宇宙（マルチバース）として実在している、という主張となる（と思う）。にわかには同意しがたくとも、知ってしまうと逃れられそうにない魅力を感じるのもまた事実ではないだろうか。

それはそれとして、この宇宙（少なくとも我々のユニバース）の自然法則や数学的構造を理解し、その実在を確認できるのは、知性（我々人類程度でいい）が存在しているからに他ならない。しかし仮にこのユニバースのどこにも知性が存在していないとしても（つまり地球のみならず、地球外知的生命も存在しない）、このユニバースが実在しているという事実が変わることはない。

例えば、この宇宙において地球が誕生したという事実は、その後地球で生物が誕生しようとしまいと変わることのない断固たる事実である。仮に生物、そして人類が誕生しなくとも、この地球は実在しているのだ（ただし、それを確認してくれる知性はいない）。

それを認めるならば、仮に、知性が誕生しておらず、したがって決して確認されないものの我々のユニバースとはかけ離れた法則や秩序を持つ宇宙（ロンリーワールド、あるいはロンリーユニバースと呼ばれることがある）が「実在」するという主張と、この我々が単に頭の中で、そのような法則や秩序を持つ宇宙が存在するのではないかと「想像」することとを区別することはできない。とすれば、数学的構造の存在と、それを具現した宇宙（ほとんどはロンリーユニバース）の実在とはもはや区別できない。その意味において、むしろこの両者は同じだと考えたほうがスッキリするのではないだろうか。

これこそ先述の「純粋に数学的な構造には必ずそれに対応する宇宙が実在する」というテグマークの主張（レベル4マルチバースに対応）に他ならない。無矛盾な数学的構造の存在と宇宙の実在とは、互いに必要十分条件の関係、すなわち表裏一体なのではあるまいか。

さて今回はかなりハードかつメタな話題になってしまった。最後まで我慢してお付き合いいただいた読者の方々に心から感謝申し上げたい。

今回の怪しげな議論の信憑性《しんぴょうせい》はともかく、我々人類が存在するおかげで、この宇宙（さらにはマルチバース？）の実在が確認されている事実は確かだ。その意味において、我々はこの宇宙の実存証明に関して信じがたいほど重要な貢献をしている。我々もまんざら捨てたものではないとの、前向きなメッセージだと理解していただければ幸いである。

コラム

並行宇宙は存在するか？

本文中では、我々のユニバースは最大10^{123}個の陽子を詰めて並べることができるだけの体積を持つと述べた。これを極度に単純化して、2×2＝4個のマス目からなる正方形を我々のユニバースだとしてみよう。その場合、その4個のマス目に、粒子を全く入れない（1通り）、1個の粒子を入れる（4通り）、2個の粒子を入れる（6通り）、3個の粒子を入れる（4通り）、4個の粒子を入れる（1通り）の、計16通

宇宙（ある特定の配置）は必ず繰り返し現れる

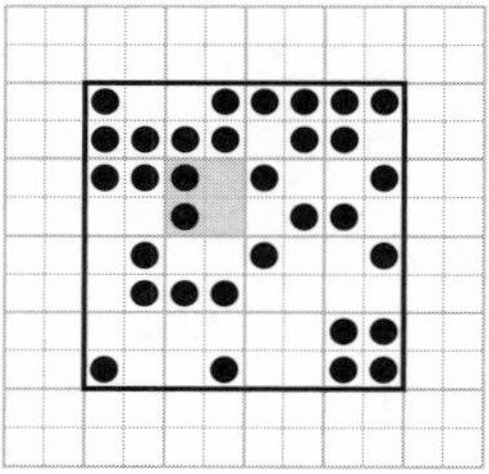

りの置き方しか存在しない。それが上図の太線の内側の枠内に示されている16個の2×2のマスである。

ここで、我々のユニバースを含むマルチバースが、一つのユニバースの体積の6×6＝36倍だと仮定して、そこに粒子を全くランダムに分布させてみよう。つまり、上述の16通りの異なる置き方がどれも同じ確率で出現すると考える。この場合、このマルチバース中には、どの置き方も平均的には2回は出現するはずだ。我々のユニバースはそのどれか特定の置き方（例えば灰色の2×2のマス目の配置）に対応したものであるが、それと全く同じ置き方の異なるユニバースがマルチバース中にあと一つ存在することが期待される。

これを2×2＝4ではなく、10^{123}個のマス目として同じ計算をすれば、我々のユニバースの体積の2の10^{123}乗倍以上の体積を持つ領域内には、我々のユニバースと全く同じ物質分布を持つ異なるユニバースが存在することが結論できるというわけである。

理論的に可能な宇宙は実在する？

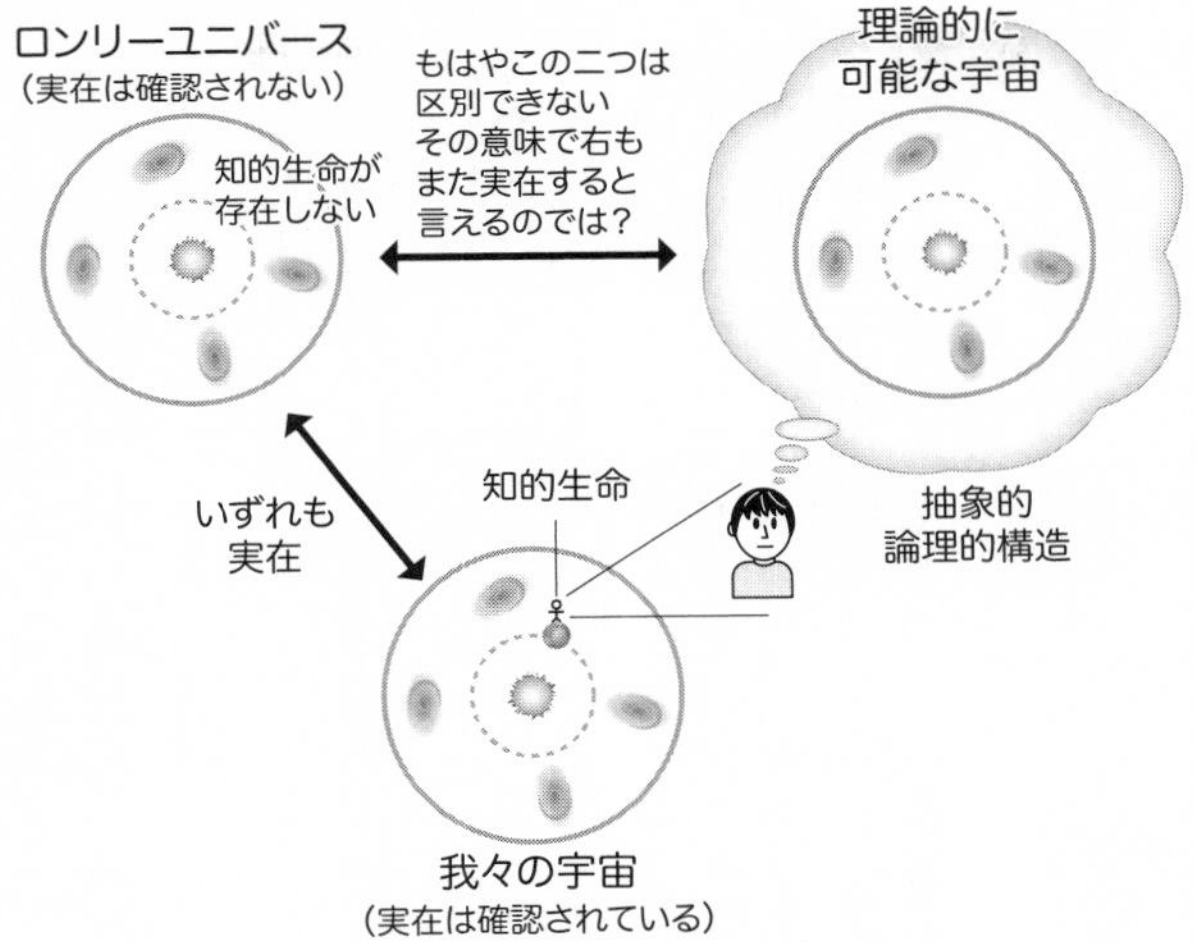

ロンリーワールドとレベル4マルチバース

実在するユニバースに生物（少なくとも宇宙の存在を認識できるだけの意識を持つ知的生命）が存在する必然性はない。それどころか、それぞれの物理法則に従って進化するユニバースのほとんどは、そのユニバースを観測したり熟考したりする生物を生み出す条件を満たさないと考えるほうが自然である。そのように、実在してはいるものの、そこに生物が存在しないユニバースを、ロンリーユニバースと呼ぶことがある。

ロンリーユニバースのように実在するものの決してそれを検証することができないものをも実在と認めるとするならば、この我々が頭の中で構築した純粋かつ数学的に無矛盾な抽象的論理構造もまた、実在と言ってもよいのではないだろうか。これがレベル4マルチバースの思想だと解釈できる。

---

[1] **ほとんど無限大?**:とはいえ、「『近似的にはほとんど』無限大」などと書いた瞬間に、すべての数学者からコテンパンにやっつけられそうだ。物理学者であっても、そのような意味不明な表現を容認できない人は少なくなかろう。

[2] **有限体積でも果てのない宇宙**:空間の次元を一つ下げれば、2次元球面のようなものである。この球面上の2次元世界に住んでいる人間にとって、球面上のすべての場所は全く同等であり、かつどこまで行っても端はない(その球面上を歩き続けても、結局いずれ再び同じ場所に戻ってくるだけである)。

[3] **地平線球の半径**:宇宙は膨張しているので、過去に光が出発した地点も現在ではより遠くになっている。このため、より正確には、現在観測可能な領域の半径は138億光年ではなく460億光年となる。ただし、今回の議論においては3倍程度の違いはどうでもよい。野暮な計算を説明してしまうとかえって混乱させてしまうだけである。ちゃんと計算すれば出てくる係数の違いなのだと信じて、気

にせず先を読み進めてほしい。

[4] **細かい数値は気にしない：**より正確には宇宙がどのようなスピードで膨張しているかに依存して値は異なるし、場合によっては観測できる領域が拡大しないこともありうるが、ここではごく単純な場合のみを想定した議論にとどめておく。

[5] **この数値の根拠：**例えば、須藤靖『ものの大きさ』（東京大学出版会、2006年）の「付録　大きな数と小さな数」参照。

[6] **すべては物質に帰する：**この意見には、反対を通り越して怒りを覚える方もいらっしゃるかもしれない。しかし、それは人間のような選ばれた存在が、単なる物質の集合体に帰着されるはずがない、という根拠のない希望的観測に基づいているだけではないだろうか。この宇宙において、人間だけが特別の位置を占めているという思想は、不遜だと思うのだが。

[7] **悩むのが好きな性癖：**悩むくらいなら最初から考えなければいい、という忠告はもっともだ。しかし、頭が痛くなるほど悩み抜くことを快感と思う人間もいるのだ。私にも若干その性癖が認められるが、決して皆さんにお勧めするつもりはない。

[8] **アナログとデジタル：**ここの文脈では、実数はアナログ、有理数（分子と分母がともに整数となる分数に対応）はデジタル、に対応する。そしてすべての実数は、有理数を用いて任意の精度で近似できる。

宇宙に思考が誕生する確率

すべてはゆらぎから誕生した

世界はゆらぎでできている。この類のキャッチフレーズは、すでに数多くの素粒子・宇宙物理学関係の啓蒙書で使い回されているので、既視感があるかもしれない。実際、標準宇宙論によれば、星・銀河・銀河団などを代表とする宇宙の多種多様な天体諸階層は、宇宙初期の極めてわずかな密度ゆらぎ（エネルギー密度が場所ごとに異なる空間的なムラ）を種として、重力を通じて成長し、進化したものとされている。

さらに宇宙のインフレーションモデルによれば、我々が観測できる有限な宇宙（現在の地平線球、あるいはレベル1ユニバース）そのものもまた、より上位の階層に対応する（無限体積）宇宙（レベル1あるいはレベル2マルチバース）の中に偶然存在したごく微小な空間的「ゆらぎ」が、指数関数的膨張をした結果だ、と考えられている。

ここまでは、いわゆるマルチバース的世界観にのっとったもので、詳しくは101ページで紹介した。[1]今回は、それを人間、さらには脳（＝意識）に応用（？）してみたい。言うまでもなく、怪しげな不科学的考察であるため、あらかじめそのリスクを了解し、いかなる不利益を被ろうとも著者を訴えないことに同意された方のみ、この先を読み進めていただきたい。

並行宇宙が存在するこれだけの理由

専門家よりもむしろ一般の方々に人気があるのが、「並行（パラレル）宇宙は存在するか」という問いである。一見「非科学的」に聞こえるのだが、前提を明確にすれば、科学的に答えることができる。詳しくは前章を復習していただくとして、その結論をまとめておこう。簡単化のために、

A　この文脈での「宇宙」を、半径138億光年の地平線球内の物質分布だと定義する。
B　「宇宙」はもっとも基本的な原子である水素原子（陽子と電子）だけから構成されると

単純化する。

このAとBに従えば、有限体積のこの宇宙の性質は、有限個の水素原子の空間配置だけで完全に決まることになる。

この場合、我々から10の10^{123}乗億光年程度の距離以内に、この宇宙と全く同じ物質分布を持つ並行宇宙が存在することが結論できる。[2] 気が遠くなるほどはるか彼方にあるその宇宙を訪れることができたと仮定すると、そこにはこの宇宙と全く同じ風景が広がっているはずだ。

初めて聞いた方には決して信じてもらえないだろう（当然である）。さらに、この「前提」が正しいかどうかは自明ではない。特に、仮定B、すなわち、この宇宙は有限個の自由度だけで完全に決まる、言い換えれば、デジタル的情報だけに帰着できるかどうかは、現時点では科学的に判断不可能、すなわち不科学的と言うべきである。しかし、もしこれが正しいとすれば、論理的にはこの宇宙と区別できない瓜二つの性質を持つ並行宇宙の存在を認めざるをえなくなる。

パラレル人間もいつかは誕生する

さてさらに大胆にこれと同じ考察を人間に応用してみてはどうだろう。我々個人の遺伝情報は、そのDNAによって完全に決定されているという意味において、人間の本質はデジタル的である。つまり、宇宙ではなく人間の場合、上述のBは仮定ではなく事実である。

さて、DNAは約30億塩基対からなっている。仮に、それらにアデニン、グアニン、シトシン、チミンの4種を完全にランダムに配置したとすれば、考えられる人間のDNAパターンの総数は、4の(3×10^9)乗≒10の(1.8×10^9)乗となる。言うまでもなく、これらのほとんどは不安定で、実際の人間には対応しない。

本当に安定な生物として実現可能な人間のDNAパターン数は、これよりもはるかに少ない。しかし、仮にこれだけ膨大な数の人間を集めることができたとすれば、その中にはDNAの配置が厳密に同じ個体が複数個存在するであろう。その意味において、完全にランダムなゆらぎの結果としてクローン人間が誕生しうる。並行宇宙と同じく、有限自由度で決定される系は十分な数を集めさえすれば、その中に同じものが繰り返し登場する、という当たり前の主張に過ぎない。

言うまでもなく、こんな面倒くさい計算などせずとも、一卵性双生児は同じDNA情報を持つという意味でクローンだと言える。しかしながら、その2人は決して「同じ人間」

あるいは「パラレル人間」ではない。ましてや、全くの偶然によって同じDNAを持ったクローン人間が（はるか遠くのどこかに）存在したとしても、育った環境や歴史に応じて異なる人格を持つ「別人」なのは当然である。

では「クローン人間」を超えて、果たして、意識や記憶までもが同じ「パラレル人間」は存在しえないのか。つまり、一卵性双生児のように生物学的な意味でのクローンに対応するDNA情報にとどまらず、それから生まれた脳細胞やシナプスのすべてが、この瞬間に全く同じ状態にあるという意味での「（完璧に）同じ人間」である。もちろんこれはほとんどありえない。しかし、「ほとんどありえない」は「存在しえない」ではない。

可能性がはるかに低くなるのは確かだが、先述のように（ほぼ）無限の体積と時間を持つ宇宙を考えれば、そのような存在は複数あるはずだ。確率Pが0、すなわち物理法則によって否定されていない限り、P^{-1}回試行すればその事象は統計的には1回起こることが期待される。さらに、P^{-1}回よりとてつもなく大きな回数の試行が可能であるならば、その事象が起こらないことこそ論理的にありえない。このような状況をカール・セーガンは“Everything not forbidden by the laws of nature is mandatory”と表現した[3]。

エントロピー増大則を理解する

ルートヴィッヒ・ボルツマン（1844―1906）は、統計力学の創始者と言っても過言ではない歴史的物理学者である。彼は、この世界では、（平均的には）規則正しく秩序立った分布がやがてデタラメでランダムな分布に近づくことを示した。これは熱力学の第2法則、あるいはエントロピー増大則と呼ばれており、物理学的に非常に微妙かつ深遠な問題を含んでいる。

エントロピーとは乱雑さと訳されることもある。例えば、皆さんの部屋の中は時間が経つにつれて自然と散らかってくる。それを防ぐには誰かが意を決して、整理整頓し掃除する必要がある。そしてそれにはかなり強い意志と苦痛あるいは犠牲を伴う。

これは誰のせいでもなく、エントロピー増大則という物理法則の自然な帰結なのである。もしそのような不自然な行為を行わず自然に任せていると、部屋の中が徐々に散らかる一方、すなわちエントロピーが増大するのは避けられない。

コップの水の中に赤いインクを垂らすと、やがて水全体がピンク色になる。しかし、一旦混ざってピンク色となった水が、赤いインクと透明な水に分離することはない。これもまた、エントロピーが増大する例である。これを用いると、混ざる前と混ざった後のコップの中の写真を見せた場合、どちらが過去でどちらが未来であるかは誰でも即答できる。これは、時間の向きに非対称性（過去と未来の区別、あるいは非平等性）があることに対応する。

このように、熱力学の第2法則（エントロピー増大則）は、この世界の振る舞いから時間の向きに至るまで、実に深い意味を持ちそれだけで一冊の新書となるほどの内容を持つ。それを前提とした上で（あえてここでは深入りしないが）、以下の議論で重要なのは、「局所的」にはエントロピーが減少する——すなわち何かしらの規則正しい秩序構造が生じる——ことは禁じられていないという事実のみだ。

これは誰かががんばって掃除すれば部屋の中が整理整頓され、秩序立った状態が実現される事実と整合的である。ただしその結果、部屋のエントロピーは減少するが、掃除した人と部屋をともに含むより大きな系を考えると、そのエントロピーは増大している。

とはいえ、人間のように意志を持って、ある目的のために秩序立った構造を作る場合を除けば、自然界でたまたま局所的にそのような秩序が生まれるスケールはとてつもなく小さいし、その構造も極めて単純なものに限られる。

しかし、宇宙論研究者に常識を期待するのは無理である。それどころか、彼ら／彼女らは、先述のセーガンの言葉どおり、物理法則に反していない限り、常識を超えた結論こそ嬉々として発表したがる人種なのである。

宇宙に脳が突如発生する確率

そのような考察の結果生まれた怪しいアイディアの一つが、ボルツマン脳[4]だ。これは、人間の思考を司《つかさど》る機能だけを持つ脳のような存在のことで、これが全くの偶然として突如宇宙のゆらぎから（すなわち両親から生物学的にではなく）誕生するというアイディアだ。言うまでもなく、その確率は常識的には考えるに値しないほど小さい。

とはいえ、ボルツマン脳の存在の出発点となる前提自体は物理学的には真っ当であるが故に一層悩ましい。それを次に紹介してみよう。

現在の標準宇宙論に従えば、我々の宇宙は未来永劫、指数関数的膨張を続ける運命にあるものと考えられている。このモデルでは、体積および（未来に向けての）時間の双方が「無限」である。数学的概念ではなく、物理的実体が「無限」でありうるかどうかという哲学的批判はもっともだが、このモデルは少なくとも現時点でのあらゆる観測事実を見事に説明するという意味において、広く受け入れられている仮説である。

こう書けばもうおわかりであろう。先述のセーガンの言葉に従えば、この無限宇宙でじっと辛抱強く待っていれば、どれだけ確率が低い事象であろうと、それは必ずいつかどこかで（しかも任意の回数だけ繰り返し）起こるはずなのだ。

この結論そのものは論理的には正しい（はず）なのだが、そのためには途方もないスケールの時間をかけて辛抱強く待つ必要がある。それをご理解いただくために、具体的な数値を挙げておこう。[5] 例えば、我々の脳（約1キロ）の構造が突如として全く偶然に、ゆらぎから生み出される確率Pは10の-10^{68}乗程度になる。[6]

ボルツマン脳のイメージ？

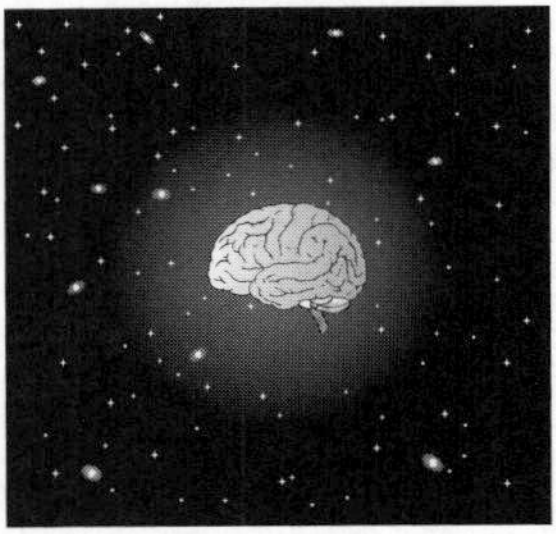

この数値は、何か対応する身近な例を挙げるのが不可能なほど小さい。とはいえその意味するところは、現在観測可能な宇宙内に、人間の脳のように思考する機能を持つ構造（すなわちボルツマン脳）が、生物学的進化の蓄積としてではなく単なるゆらぎによって生じることは絶望的だ、という全く常識的で安心できる結論に過ぎない。

しかしその一方で、時間を十分長く取りさえすれば[7]、現在の地平線球程度の「ごく小さな」体積内であろうと、ボルツマン脳が生まれうる。それにとどまらず、さらに長い時間待ち続ければ、「ほぼ無限」個数のボルツマン脳が生まれることは論理的結論である（ただしそれらのほとんどは安定ではなく、誕生したとしても直ちに消滅する運命にある）。

現在の宇宙（の地平線球内）に、我々人類レベルの知的生命がどの程度存在するかはわからない。しかし、今から10の10^{68}乗秒以上経過した未来においては、我々が知っているような生命体を維持するエネルギー源たる天体は完全に消滅してしまっている。そのような気が遠くなるほど未来の宇宙に知的生命が存在しているとすれば、ゆらぎから生まれたボルツマン脳以外ありえない。

以上の議論を、完全に正しいとまで断言するのにはやや躊躇せざるをえない。一方で、そこに論理的誤りを指摘できないという意味においては、決して物理法則には矛盾していない。直感的に納得できないのは当然であるが、それは直感のほうがバイアスを受けているせいなのだ。

我々人間は、10年から１００年程度の時間スケールで起こることは、経験的にも納得できるし、ある程度予想できる。しかし、１００億年スケールとなるとほぼ不可能である。

この地球上で確実に起こったはずの生命の誕生とその進化を科学的に解明しきれないのは、まさに人知を超えた時間スケールの違いのためである。

ましてや10の10^{68}乗億年（しつこいようだが、このような数値になると、秒単位であろうと億年単位であろうと何も変わらない）となると、我々が持つ直感などに頼ることはできない。

ボルツマン脳の見る世界

ここまでの議論に納得していただけたかどうかは別として、以下、ボルツマン脳が実在した場合、何が起こるのかを考えてみよう。

245ページで述べた、はるか彼方にある我々の宇宙のクローン宇宙（並行宇宙）は、この瞬間のみならず、その過去の歴史まで含めて高い近似でそっくりだと予想される。これは、二つの宇宙が同じ物理法則に従って進化してきたことを前提としているからだ（とはいえ、わずかなゆらぎが増幅されてカオス的な進化をすることも十分予想されるため、時間が経てばそれらはやがてかけ離れた性質を持つ宇宙になるはずだ）。

これに対して、完全なゆらぎから突如誕生したボルツマン脳には、記憶はあろうと歴史はない。記憶と歴史の意味の違いを理解するには、人間の脳を操作して一部の記憶をなくしたり、好き勝手に記憶を書き換えたりすることができるようになった状況を想像すればよい（すでに部分的には可能なのかもしれない）。その場合、その脳にある記憶は、それを取り巻く世界の実際の過去とは一致しない。

これを前提として、この私自身の脳と（細胞の配置のみならず脳神経間のネットワークが形成していると思われる記憶まで含めて）全く同じボルツマン脳が、はるか未来の宇宙のどこかで突然ゆらぎから誕生した場合を考察しよう。

言うまでもなく、そのボルツマン脳にある記憶は、それを取り巻く実際の宇宙の歴史とは全く無関係だ。高知県安芸《あき》市で生まれ太平洋を見ながら育ったというそのボルツマン脳（私の脳ではない）に刻まれた鮮明な記憶は、あくまで電気信号としてのバーチャルな存在に過ぎない。本物の（？）私が生きている現在の宇宙における天の川銀河太陽系第三惑星日本国高知県や太平洋はその世界には実在しないのだから。

このように、完全なゆらぎから突如生み出されたボルツマン脳内の記憶は、実在であるもののあくまでフィクション小説のようなもので、それを取り巻く世界の歴史とはかけ離れている。

ゆらぎから誕生するボルツマン脳は、構造が単純であればあるほど誕生する確率が上がる。一方でそのほとんどは不安定であり、生まれた瞬間に消滅する運命にあるだろう。その刹那《せつな》的《てき》な記憶が自分を取り巻く世界の歴史と整合性を持つかどうか検証する時間もないまま、雲散霧消するはずだ。

したがって、そのようなボルツマン脳のうち、哲学的思考を愛するものがいたとしても「我思う、ゆえに世界あり」という境地に達するや否や（あるいはそれ以前に）、速やかに消え去っていくに違いない。

しかしである。さらにとてつもなく低い確率であろうと、脳のみならず我々と全く区別がつかない身体をも備えた、安定なボルツマン人間がゆらぎから突然誕生する可能性もまたゼロではない。それどころか、実はこの私自身がそうかもしれない。たとえ確率あるいは期待値が10の-10^{68}乗であろうとも、この場所この瞬間に、ボルツマン人間が誕生する可能性は決して否定できないのである。

自分が幻想でないと断言できるか？

では、果たしてこの私がボルツマン人間なのかそうでないのかを区別する方法はあるのだろうか。実はそれは簡単で、私の脳にある記憶と、私を取り巻く世界の歴史との整合性を確認すればよいだけだ。

もし私がこの瞬間に突如誕生したボルツマン人間だとすれば、この文章において引用している数々の文献は実際には何一つ存在しない。それを読んだ私の記憶、それによって刺激された私の（怪しい）思考のいずれもが、どれだけ鮮明であろうと、単なるゆらぎとして脳内に植え付けられた架空のものでしかないのだ。その場合、この文章を書き終えて、編集者に原稿をメイル送付しても、宛先不明で返ってくるに違いない。編集者など、実際に存在していないからだ。

しかし仮に、私の周りの身近な人達との間で記憶と歴史の整合性を確認できたとしても、自分はボルツマン人間ではないと安心するのはまだ早い。その身近な人達を含む私の周りの有限な領域そのものが、ゆらぎから突然誕生したボルツマン領域である可能性が残るからだ。

例えば、日本が第二次世界大戦で敗戦したという記憶は、私の周りのボルツマン日本だけに共有されたものであり、アメリカにはそのような歴史はないかもしれない。その場合、日本以外の地球上の諸国は現実の歴史を共有する存在であるが、私の住んでいるこの日本は突然生まれたボルツマン日本だ、ということになる。

これは無限論法に行き当たる。ボルツマン脳を含む局所的世界の（バーチャルな）歴史と、その外界の（真の）歴史との矛盾がないとしても、それはその外界もまた同時にゆらぎから誕生したからなのかもしれない。つまり、ボルツマン地球、ボルツマン銀河、さらにはボルツマン宇宙……、というわけだ。

ボルツマン自身は、決してボルツマン脳などには言及していない。しかし、彼の論文はその終着点に対応する宇宙そのものがゆらぎとして誕生した可能性を示唆しているかのように読める。[8]

自分だけが周りの世界の因果的進化と切り離されたボルツマン人間であると想像すると、とてつもなく不安になる。しかし、自分の友人もまた同じゆらぎから同時に誕生し、それ以降の歴史を共有しているとすれば、少しは安心できる。

ましてや、観測できるこの宇宙そのものが、理由は別として突然ゆらぎによって誕生し、138億年の時間をかけて進化して現在に至ったのだとすれば、もはや不安どころか、悟りに近い安心感に包まれる。それにとどまらず、ここまで来るとすでに立派な宇宙誕生のシナリオの一つとなる。[9]

とはいえ、このような怪しい哲学的懐疑心を抱き始めると、思いつめたあげく心身に変調をきたしてしまう方がいらっしゃるかもしれない。したがって読者の皆さんには、今回の話をすっぱりと記憶から消去することをお勧めしておく。[10]

［1］**しつこいようだが参考文献**：より詳しくは、須藤靖『不自然な宇宙』（講談社ブルーバックス、2019年）、『ものの大きさ（第2版）』（東京大学出版会、2021年）。

［2］**パラレル宇宙までの距離**：この結論を初めて聞いた人は何を言っているか理解できないのが当然だ。本書でも前章でその簡単な導出を説明しているが、きちんと納得したい方は、注［1］の文献を自腹で購入して手元においてじっくりお読みいただきたい。

［3］**セーガンの名言**：物理法則に反しないことはあまねく必然である。これは映画『コンタクト』の中で、地球外文明の存在可能性について述べたものだが、それに限らない極めて普遍的な真理であり、私の座右の銘でもある。ただし、下品な表現を許すならば、その本質は「下手な鉄砲も数撃ちゃ当たる」という日本古来の格言(?)に尽きている。

［4］**ボルツマン脳の命名者**：今回は、ボルツマン脳という概念が主役であるが、その定義はおろか誰がその名前を使い始めたかは明らかでない。ボルツマンは、エントロピーの高い一様な状態において、現在の我々の宇宙のように秩序を持つ構造の宇宙が全くの偶然から生まれる可能性を論じている（Ludwig Boltzmann, "On certain questions of the theory of gases", Nature 51 (1895) 413)。しかしゆらぎから宇宙そのものを偶然誕生させるよりは、はるかに小さな構造である観測者、さらに突き詰めれば観測者の

脳だけを誕生させるほうがまだ可能性が高い（あくまで相対的な意味に過ぎず、文中にあるように絶対的な意味での確率は途方もなく小さいのだが）。このボルツマン的考察は、以下の論文において全く異なる文脈で論じられ、そこで初めてボルツマン脳という言葉が登場したとされている。A. Albrecht and L. Sorbo, "Can the Universe Afford Inflation?", Physical Review D70 (2004) 063528.このようにボルツマン自身は、極めて常識的な物理学者であるにもかかわらず、勝手にボルツマン脳という怪しげな概念に名前を流用されてしまったと言うべきだ。

[5] **ボルツマン脳の存在確率推定**：この議論は主として、Sean M. Carroll, "Why Boltzmann Brains are Bad" arXiv:1702.00850に基づいている。天文学では、桁が合っていれば（つまり、正しい値の10分の1から10倍の範囲内）十分とする定性的な推定が大切な場合が多い。しかし、以下の議論はそれどころか、数値の桁（べキ指数）そのものの桁が合っていればいい程度の話なので、生真面目に考えることなくおおらかに読み飛ばしていただきたい。

[6] **桁の桁だけで十分**：正確にはその前の係数を与えて、単位時間・単位体積あたりの確率とすべきなのだが、すぐ後に示すように、これほど小さな値となると、そのような係数の値などもはやどうでもよくなる。例えば、現在の宇宙年齢t＝138億年（10^{17}秒）と、それに対応する現在観測可能な地平線球（半径138億光年）の体積V（10^{84} cm^3）を掛け算すると、地平線球内にあるボルツマン脳の期待値PtVは、10の（$17+84-10^{68}$）乗となる。これからわかるように、10のベキ指数に加わる17とか84とかは完全に無視でき、答えはやはり10の-10^{68}乗となる。

[7] **想像を絶する数値**：例えば、10の10^{68}億乗光年以上。といっても、もはやピンとこないことは同じであ

ろうが。

[8] **ボルツマンの原論文：**ボルツマンの論文“On certain questions of the theory of gases”, Nature 51 (1895) 413の一節を訳しておこう。「我々はこの全宇宙が現在、そして将来もずっと熱平衡にあると仮定している。その宇宙の一部分（その一部分だけ）が、ある特別な状態にある確率は、その状態が熱平衡から予想されるものからかけ離れていればいるだけ、小さくなる。しかし全宇宙の体積が大きければ大きいほど、その確率は高くなる。もしも、全宇宙の体積が十分大きければ、その中にある比較的小さな領域がある任意の状態（それが熱平衡状態からどれほどかけ離れていようと）をとる確率は、いくらでも高くなる。同様に考えれば、全宇宙が熱平衡にあろうと、我々のこの世界が現在の状態にある確率は高くできる。言い換えれば、我々のこの世界があまりにも熱平衡からかけ離れているため、我々はその状態がどれほど不自然なのか想像できないということだ。しかしである。我々のこの世界が、全宇宙に比べてどれほど小さい領域に過ぎないのか、果たして想像できるだろうか。全宇宙が十分大きいのであれば、我々の世界のようにごく小さな領域が現在のように熱平衡からずれた状態にある確率は、もはや決して低くはない」。ここでボルツマンは、全宇宙（the whole universe）と我々の世界（our world）を区別しているが、これはまさに（テグマークの分類によればレベル1の）マルチバースとユニバースの使い分けに対応している。実に驚嘆すべき考察だ。

[9] **宇宙の多重発生：**実はこのような考え方は、私の指導教員であった佐藤勝彦先生によってはるか以前に提唱されている。Katsuhiko Sato, Hideo Kodama, Misao Sasaki and Keiichi Maeda, “Multi-production of universes by first-order phase transition of a vacuum”, Physics Letters B 108

(1982) 103. これはまさに、我々の宇宙、さらにはそれ以外の宇宙がゆらぎから（無限に）誕生するというアイディア（今回の表現に従えばボルツマン宇宙）に他ならない。正直に告白するならば、学生時代の私には荒唐無稽としか思えなかったが、それから40年経過した今になって初めて、その驚くべき先駆性を理解することができた。わが恩師、畏るべし。

[10] **科学的哲学**：ただし正直に言えば、今回のようなネタこそ、「科学的に哲学する」という意味での科学哲学（Scientific Philosophy）の一例であり、「科学を非科学的に哲学する」という意味での科学哲学（Philosophy of Science）とは一線を画すると思っている。

この私に自由意志があると信じる（信じたい）理由

怪しさ満載のメイル

何の前触れもなく、ある哲学系（？）雑誌の編集者から突然メイルを受け取った。自由意志の特集を企画しているので、何か書いてほしいということらしい。自由意志……。何やら言いようのない怪しさが漂う言葉である。よりにもよってなぜカタギのこの私に依頼してくるのだろう。[1] 私は自慢ではないが、哲学を真面目に勉強したことがない（念のために強調しておくが、決して自慢しているつもりはない）。さらに正直に告白するならば、この長い人生において哲学者なる方々の文章に心を揺さぶられた覚えもない。というよりも、表現が難し過ぎてほとんど理解できないだけである。

たまに時間をかけて難しい表現をやっと理解できた気がして日常語に翻訳してみると、ごくごく当たり前の意見であったりする。[2] そもそも山あり谷ありの人生を60年以上過ごせば誰だろうと自然にそれなりの哲学者になるだろうとすら考えている。[3]

さらに悪いことに、私は未だかつて、かの哲学系雑誌を眺めたことすらない。いかなる読者を想定し、どのような芸風の文章が期待されているのか全く想像できないのだ。そもそも一般書店で誰でも合法的に購入できる雑誌なのだろうか。

一方で私は、あ〜でもない、こ〜でもないと理屈をこねくり回すのが好きな類の人間であることは認めざるをえない。世の中にはある割合で、そのような性癖を持つ人々が存在する。私のみならず、一般に物理学者とはそのような人種である。だからこそ、自由意志があるかどうか、口角泡を飛ばしながら議論する楽しさには共感できる。ただし、その同じ行為を通じて哲学者は給料をもらえるのだとすれば、いささか不公平な感を禁じえない。

仮にもそれで給料をもらっているのであれば、私のような単なる議論好きの素人がぐうの音も出ないような議論を構築し、それを私にもわかるような言葉で説明する責任があると思う。逆に言うならば、私のような素人に哲学系雑誌が自由意志の有無に関して原稿を依頼するような状況は、本物の専門家にとって容認できない屈辱を意味するのではなかろうか（例えば、宇宙のダークエネルギーという未解決の難問に対して、宇宙論の専門家と新橋で飲んだくれている宇宙好きおじさんが同等にそれぞれ持論を述べる機会を与えられているような印象を持つ）。

さらに言えば、（私がよく理解できる範囲で）20世紀日本を代表する哲学者の一人ではないかと思われる相田みつをさんは、「やれなかった　やらなかった　どっちかな」との名言を残されている。これこそ自由意志の問題の本質を突いたものである。私は言うまでもなく、プロであるはずの哲学者の方々であろうと、この深い問いかけ以上に、何かクリアな結論を与えてくれるものであろうか。

兎《と》にも角《かく》にも現実世界は極めて複雑に因果が錯綜《さくそう》している。果たして、この依頼を引き受けるべきだろうか。そもそも私にはそれを決定できるだけの自由意志がそなわっているのだろうか。

私は自由意志の存在を信じる派

あらかじめ素朴過ぎるとの批判は承知の上でカムアウトしておくならば、私は自由意志が存在する（と信じる）派である。というか、自由意志の厳密な定義を理解していないというほうが適切かもしれない。

そこで以下では、私がある重要な岐路に立ち、苦渋の選択を迫られた結果下した判断は、自分のその後の人生（大げさに言えばその後の世界そのもの）を大きく変えてしまうことを認め、そこに介在する私の判断を自由意志と解釈することにしよう。

この言い回しはすでに、哲学者風の無駄に難しいレトリックの悪例そのものだ。物理屋としてわかりやすく言い換えるならば、今日のお昼に食べる牛丼は、ご飯は並か大盛りか、肉あるいはつゆだけ多くするか、ネギの量は、などといった複雑な選択肢を前に、じっと考察した結果「牛丼　並　つゆだく　ネギ抜き　たまご追加」を注文した事実を私の意志の発現と呼ぼうということだ。

そしてその私の判断は宇宙誕生時の初期条件と物理法則ですでに決まっているものではなく、私自身がその時点で初めて選択したものだと考えることを、自由意志が存在する（と信じる）派の定義としておこう。

古典的決定論の世界においては、すべての物事は初期条件と物理法則によって完全に決定されており、それ以外の自由度が入り込む余地はない。したがって、そこには人間の自由意志は存在しえない。これが私の理解している自由意志が存在するという主張に対する批判である。

私のこの理解がどの程度正しいかどうかはさておき、少なくとも、出発点として選んだ古典的決定論の世界は、そもそも現実とは違う。どこまで具体的に影響するかどうかを定量化することは困難だが、実際の世界のすべての振る舞い（したがって脳も含む）は究極的には量子論（92ページ参照）に従っているわけで、人間の意識もまた量子論的不確定性を免れることはできないだろう。

とすれば、自由意志の存在を否定する理由もなくなるはずだ。決して人間の意志が物理法則に従わないと主張しているのではない。大多数の物理学者と同じく私もまた、人間の意志が物理法則に従うことを疑う理由はないと考える。その上で、「自由意志の存在は物理法則と矛盾しない」と主張しているのである。

もちろんこれでは自由意志が存在しない派（ここでは、人間は物理法則に完全に従うわけではないから自由意志が存在すると考える派をも含む）が納得する反論にはなっていないのだろう。もし自由意志が存在するとすれば（量子論を無視したときの）決定論と矛盾することなくどのように発現するのか、具体的なメカニズムまでを含めた説明が要求されているのかもしれない。その意味では、そもそも議論の前提が間違っていると指摘し議論を回避するだけでは、納得してもらえそうにない。

とはいえ、自由意志が存在しない論者と膨大な時間をかけて議論を深めたあげくに、「もしそれに納得できなければ量子論があるよね」と隠し玉的に持ち出して振り出しに戻すよりは、初めから「それはそうだよね、でもとりあえずそれには目をつぶっておくことにしましょうや」とお互いに了解した上で、さらに議論するかどうかを決めるほうが建設的だろう。

自由意志は存在しない派の言い分

自由意志が存在しないことを示唆する例として、ベンジャミン・リベットの1983年の実験がしばしば引き合いに出される（らしい）。これは、ボタンを押す、1本の指を曲げる、手首を曲げる、などのごく簡単な動作をするように依頼された被験者は、実際に動作を起こそうと自覚する以前に、その動作を開始するための準備が終わっている、という実験結果らしい。

それには異なる解釈も多々あるようだし、さらに発展させた実験も数多く行われてきたらしい。しかし、問題となっている自由意志とは、このような悩む要素がどこにもない単純な動作に還元させた実験で議論できるものだろうか。私には疑問である。

少なくとも、私が興味ある自由意志とは、すでに述べたように、無限に時間が与えられた上で何を選択すべきか悩んだあげくの判断である（牛丼の注文の例を思い浮かべてほしい）。その意味での自由意志と、リベット的な実験の間には、著しい質的距離があるように思える。

ところで、自由意志の有無が実際の社会のルール設定においても重要となる理由として、注［1］の文献における伊勢田さんとの対談の際に、法律を破った場合の罰則規定をどうすべきかの問題があることを教えてもらった。私はこれにも納得していない。

仮に自由意志がないとするならば、法律違反の責任は本人が負う必要がなくなる、ということを問題視しているのだろう。しかし現実問題として法律を守る人と守らない人はいるわけで、その処罰は自由意志の有無とは無関係に決めるべきだ。

ある意味では、重大な犯罪（さらにはすべての犯罪）を犯した人間は全員病気であると考えることもできる（し、あながち間違いとは言えないだろう）ので、本人の責任ではないとの解釈はどこもおかしくない。問題は具体的にどこに線を引くかであり、そこに自由意志の有無という根源的な議論を持ち込んだところで、意味もないどころか無駄な混乱を引き起こすだけだ。とはいえ、これは倫理学の問題に帰着するのだろうから、これ以上の深入りは避けておく。

以上をまとめれば、私は自由意志が存在すると信じており、その有無の議論は極めて興味深いものではあるが、その結論は実際の社会生活には影響を与えない（与えるべきではない）と考える。

それを明確にした上で、私が自由意志があると考える理由を述べてみたい。と言っても、決して新たな説だと主張するつもりはない。すでにどこかで議論済みかもしれないか、私自身が考えた中で「コンナンでエエンチャイマスか〜」と納得できた程度のものに過ぎない。

これらの私の立場をあらかじめお断りした上で、それをご了解いただいた方のみ、以下を読み進めていただきたいと思う。すでに怒り心頭に発している方々は、ここで本を閉じることを心からお勧めしておく。

「風が吹けば桶屋が儲かる」と古典的決定論

すでに述べたように、以下では量子論は無視し、古典的決定論に従う世界の枠内での考察に限定する。例えば、厳密に言えばコイン投げは完全に決定論に従う。どの場所にどの大きさの力をかければどの結果になるか決まるので、プロの手にかかれば、自分の好きなように表と裏を出し分けることは容易だろう（『はじめ人間ギャートルズ』に登場するような巨大なコインであれば、表と裏のどちらが出るかはそれを操作する人間の意志で完全に決まることは自明だろう）。

とはいえ、私のような素人の場合、コインを投げて表と裏の出る確率は、ほぼ等しいと思われる（実際に確かめたことはない）。これは、（厳密に言えば、プロとは異なり修業してそれをマスターする動機と才能のない）私には制御しきれない多くのパラメータが存在し、コイン投げの結果はそれらに敏感に依存するためだ。

何が言いたいかといえば、古典的決定論の枠内であろうと、実質的にはあたかも確率的であるかのように振る舞う、したがって予測不可能な事象は無数に存在するというよく知られた事実である。これは世界的にはバタフライ効果[4]と称されているが、日本でははるか古くから「風が吹けば桶屋が儲かる」という名言を通じてほぼ全国民に知れ渡っている。

古典的決定論とは、統計的には正確な予言ができるものの、個々の事象についてまですべてが完璧な精度でガチガチに決まっている世界を意味するわけではない。そしてそれが、古典的物理法則に従う世界の必然的な特徴なのである。

この地球の歴史を振り返れば、今から6500万年前に直径10キロメートルほどの小天体が地球に衝突したために、恐竜が絶滅し、哺乳類がそして人類が栄えたと考えられている。これほど大きなサイズの天体衝突は、決して多くない。過去の地球の生物の大絶滅が同じく天体衝突のためだと仮定しても、数億年に一度以下の頻度でしかない。その意味では全くの偶然である。にもかかわらず、その後の地球の歴史はまさに激変するし、正確な予想は困難となる。まさに、「石が降れば人類が栄える」である（これはわずかな違いが信じがたいほど異なる結果につながるという意味で、パラメータ鋭敏性と呼ばれる例である）。

仮に、地球に小天体が衝突しなければ、今でも恐竜が闊歩《かっぽ》し、人類が地球を支配する時代は訪れなかったかもしれない。その一方で、まさに星の数ほどあるこの宇宙の他の惑星系のどこかでは、偶然同じような衝突が起こり、そこでの「人類」進化に寄与しているかもしれない。

つまり、我々が住んでいるこの地球がいかに激変しようと、それは宇宙全体から見ればどうでもいい程度の些細な出来事に過ぎないのだ。統計的な意味では、宇宙はそのような細かい事象には何ら影響されることなく、物理法則から予想される通り淡々と進化し続けるだけである。

世界は他力本願だらけ

これらを自由意志問題と絡めてみよう。自分が人生の岐路に立って悩んだときに、両親、先輩、友人、占い師、あみだくじ、サイコロ、コインなど、方法は様々であろうと、他力本願になることは少なくない。特に、占い師以降の選択肢は、基本的には論理性はなく、自由意志を欠いたランダムなものである。したがって、悩んだときはサイコロを振ると決めておけば、自分の判断は、外界にあって原理的には決定論であるが事実上確率的な過程に帰着する。

その結果で決まった判断を自由意志と呼ぶかどうかは定義の問題であろうが、重要な判断はサイコロで決める、とのルールを自分に課した時点で自由意志と呼んで差し支えないと考える。それどころか、我々が日常的に行っている決断は、つまるところ結局はこのような過程に帰着できるのではあるまいか。

長々と述べてきたが、言いたかったのは、古典的決定論の世界においてであろうと、自由意志という「確率的な自由度」は至るところに存在する余地がある、ということである。その自由度に対応して、我々一人一人の人生は大きく影響を受ける。もしも我々がそれなりに重要な地位にあれば、所属する団体や国家、さらには地球の歴史すら変えてしまうかもしれない。

それらの変化は、宇宙誕生時の初期条件と物理法則だけで完全に決定されているものではなく、そこに内在するパラメータ鋭敏性に伴う必然的かつ予想不可能な帰結である。にもかかわらず、それらは宇宙そのものの平均的あるいは統計的な意味での歴史から見れば無視できるほどの違いでしかないのも事実である。これはある意味では、前の文章で紹介したボルツマンの主張「全宇宙の中ではこの世界は任意の状態を取りうる」の具体例だとも言える。

頭の中でコインを投げてみる

とはいえ、サイコロの丁半あるいはコイン投げの表裏による決断は本当に自由意志と言えるのか、との疑問ももっともだ。私もそう思う。しかし、それはそもそも自由意志とは何かという定義が明確ではないためだ。私が勉強不足であることは喜んで認めるが、だからといって自由意志を議論している専門家（？）の間で共通した定義があるようには見えない。逆に言えば、自由意志の有無を巡る論争は、私には自由意志とは何かを定義しようとしているだけにすら思える（それはそれで結構なことかもしれない）。

しかし、よく考えてみれば、我々が判断に窮したときには、理屈ではなくとにかくエイヤッと決めることのほうが多くないだろうか（再び、牛丼注文の場合を思い描いてみれば同意してもらえるだろう）。つまり、別の日に別の環境で同じ判断を下す場合に、再現性があるとは思えない。それは無意識のうちに頭の中でコイン投げをして決めるのと同じである。そのコインの裏表の確率が同じかどうかはわからないし、そんなことはあまり意味がない。そして、他人から見れば、その結果は本人の立派な自由意志である。

最近たまたま読んだ本[5]が、まさにそのような設定であったために驚いたことがある。主人公は、過去に自分が下した判断が結果的に他人を不幸にした経験に苛《さいな》まれ続けている。そのため、自分が罪悪感を抱かないように、困難な判断を迫られたときには、二つの選択肢を事前に表と裏に割り当てた上で、頭の中でコイン投げをして決めることにしている。「断じて自分の意志で裏表を決めているわけではない。心の中のコインを自分の気持と切り離して転がすことさえ可能になった」と書かれている。

さすがに私はそこまで修行を積んだわけではないが、おそらくその通りだと思う。さらには、我々が苦渋の選択を迫られたときの判断を突き詰めれば、意識しているかどうかは別として、最終的には頭の中のコイン投げに帰着すると思う。その意味では、それこそが人間の自由意志と等価なのではあるまいか。

頭の中のコイン投げと表現したが、その表と裏が出る割合は何で決まっているのか。常に表裏の確率が50％ずつの理想的なコインを思い浮かべることができる人もいるだろう。二つの選択肢が本当に優劣つけ難いときはそうだろう。

しかし、必ずしもそうとばかりは限らない。悩む余地なく判断できる場合は、99・99％表が出るコインを頭の中に想定して投げているだけかもしれない。そうでない限り、表が出る割合は、無数のパラメータの組み合わせで決まっているはずで、そのパラメータには、その日の天気、温度、湿度、自分の体温、血圧、血糖値、コレステロール値、といった、時間の関数、あるいは確率的に変動するものまでも含まれているだろう。

それぞれのパラメータの値とコインの表の出る確率を結びつける関係は極めて複雑で、人によって多種多様だし再現性もないだろう。当然、それによって決まる自由意志とは、決定論的でありながらまさに予測不可能なのである。

宇宙の初期条件に我々の自由意志は組み込まれているか

さて、自由意志の有無を議論する前に、古典的決定論の枠内で生命という自由度がどのように位置づけられるかを考えておく必要がありそうだ。

まず私は、宇宙において生命が誕生すること自体は必然であると考えている。その意味では、多様な天体諸階層と同じく、一般論としての生命もまた、その誕生と進化は、宇宙の初期条件と物理法則で説明できるものと確信している。にもかかわらず、個々の生物(原始的な単細胞生物でもよい)の存在は、宇宙誕生時には存在していなかった新たな自由度となる。通常の物理学では、そのように全く新たな自由度が付け加わった系の時間発展を考える例はほとんどない。

生まれたての動物が歩き始めるようになったときに、その最初の一歩をどの方向に踏み出すかまでもが宇宙の初期条件に刻み込まれていると考えるのは無理があるような気がするし、これこそが自由意志の問題の本質なのかもしれない。

この最後の補足部分は先述の議論をただ言い換えただけなのかもしれないが、とりあえず思いついたので書きとめておく。というわけで、私が自由意志の存在を信じる理由は、

273～274ページの議論に基づいている（量子論という究極の説明は別として）。

身も蓋もないまとめ

原稿依頼を受けた私の頭には、このような考えがつらつら浮かんできた。しかし、果たしてこんな毒にも薬にもならない話を書き連ねる意味があるのだろうか。このような文章を書いてしまうと、場合によってはいたいけな物理屋の一人でしかない我が身に危険が及ぶこともありうる（時折、私の職場宛てに、郵便物や電話で厳しい叱責を伝えてこられる方がいるのは事実である。私が事前登録している番号以外からの電話は、留守番電話でしか対応しないのはそのためだ）。それどころか、依頼してきた編集者に自由意志があるとすれば、書いて送った原稿が拒絶される可能性も低くなかろう。悩みは尽きない。

やはり、頭の中でコイン投げして決めるしかなさそうだ。表が出たら原稿依頼を受ける、裏が出たら断る。ちなみに、数字の額面がある側を裏とする。今日は快晴で気温は24度、快適だ。体温は36・4度、血圧は上が129で下が88（長年降圧剤を服用しているものの、下がいつも高めである）。

さて、結果は……。

[1] **この依頼の元凶**：須藤靖・伊勢田哲治『科学を語るとはどういうことか――科学者、哲学者にモノ申す』（河出書房新社、初版2013年、増補版2021年）の中の自由意志に関する対談に興味を持ったとのこと。悪いことはできないものだ。

[2] **哲学者は決して読んではいけない文章**：須藤靖「無科学哲学ノススメ」『三日月とクロワッサン』（毎日新聞出版、2012年）

[3] **酔っ払いの議論はけっこう深い**：注[1]での伊勢田さんとの対談において、何を喋ったかすら、すでに記憶が薄れているのだが「新橋で飲んだくれているサラリーマンの皆さんの会話のほうが哲学的に深いことが多いのではないか」と口走ってしまい、かなりムッとされたことだけは覚えている。

[4] **バタフライ効果**：気象学者エドワード・ローレンツが1972年に行った講演のタイトル "Predictability: Does the Flap of a Butterfly's Wings in Brazil Set Off a Tornado in Texas?" にちなんで名付けられたもの。ブラジルで蝶が羽ばたきをした帰結がテキサスでの竜巻なのか？という秀逸なタイトルであったため、バタフライ効果という言葉が広く知られるようになった。

[5] **コイントスと自由意志**：潮谷験『スイッチ――悪意の実験』（講談社、2021年）。

あとがき

本書を読み通してくださった皆さん、どうもありがとうございました。その上で、まえがき、そして序章で問いかけた「ぼくはなぜ今ここに存在しているのだろう?」という疑問に対して、どのような考えを持つに至りましたでしょうか?

まえがきでも強調したように、本書には私が気に入っているマルチバース的世界観が根底として流れていますが、決してそれを押し付ける気はありません。ただし、宇宙とは何かをどこまでも突き詰めると、やがては通常の（少なくとも現時点で確立している）科学の枠組みを超えた何らかの考察が必要となることだけには納得していただけたものと期待します。

もちろん、それらはすべて偶然に過ぎず、そのような疑問を突き詰めても得るものはないという考え方も十分理解できるものです。しかし、計15編の雑文からなる本書を通じて、仮にそこに深い意味はないとしても、宇宙（のみならずこの身の回りの世界）が無数の不思議な謎で満ちているという事実に合意していただければ私は満足です。

本書は、2022年に同じく朝日新書の一冊として出版した『宇宙は数式でできている――なぜ世界は物理法則に支配されているのか』と相補的な観点を押し出したものになっていますが、決して互いに矛盾するものではありません。前書は、「初期条件」が決まれば宇宙を含む森羅万象（私はその意味で、世界、という言葉を使うことが多いのですが）の振る舞いは物理法則に従って正確に記述できる、という驚くべき事実に焦点を当てたものでした。

しかし、その「初期条件」とは果たして何か。なぜある特別な性質を持つ唯一の可能性に決まってしまうのか。これらは通常の物理法則の守備範囲ではありません。そこに必然性を持ち込んで説明するためには、通常の物理法則のさらに上位にあるメタな物理法則によって決まると考えることになります。ある意味ではそれは物理学の進歩に他ならないものの、それではエンドレスな議論であることもまた予想されます。

これとは対極にあるのが、積極的に偶然を持ち込む立場です。しかしその場合、偶然とは何かという大きな問題が浮かんできます。もしも宇宙が唯一無二の存在であれば、偶然と必然との区別に意味はないからです。

というわけで、偶然を持ち込む立場からは、どうしても「宇宙」は一つではないことを認めざるをえません。それが本書で繰り返し登場するマルチバースであり、さらにそこにダーウィンの進化論的選択効果を持ち込むのが人間原理です。

その二つの考え方については、『不自然な宇宙――宇宙はひとつだけなのか?』(講談社ブルーバックス、2019年)、さらに『ものの大きさ――自然の階層・宇宙の階層(第2版)』(東京大学出版会、2021年)で、より詳しく説明していますので、興味があればそちらも手にとっていただければ幸いです。

すでに述べたように、本書は私が2007年から2024年にわたって連載した東京大学出版会の『UP』誌の記事から宇宙に関するものを選んでまとめ直したものです。その連載のきっかけを与えてくれたのは、東京大学出版会の丹内利香さんです。彼女との出会いがなければ、私が数多くの雑文を書いたり、一般向けの書籍を出版したりする人生を歩むことはなかったことでしょう。それが本当に良い選択だったのかどうかは不明ではあるものの、研究する人生とは別の楽しさを味わう機会を与えてもらえたのは確かです。改めて感謝いたします。

実はその『UP』の連載をきっかけとして、親しくさせてもらった方々も数多くいらっしゃいます。その一人が、植物学者の塚谷裕一さんです。彼は私の雑文を（おそらく本人以上に）真面目に読み込んでくださり、しばしば忖度《そんたく》なしの鋭い批判を含む感想を送ってくれました。おかげで、無意識に雑文中で適当にごまかしていたポイントを再考察せざるをえない状況に追い込まれ、自分の思考を深化させたり、気づいていなかった異なる視点を知ったりすることができました。この連載がなければ、物理学者以外にそのような知己を得ることは不可能だったでしょう。

前書に引き続き本書を担当していただいた編集者である大坂温子さんもまた、元々は『UP』連載の雑文の熱心な読者でした。その縁もあり、完全書き下ろしであった前書とは違い、『UP』の雑文を主として、過去の文章をまとめて新書とする企画を通して、本書を実現してくれました。収録する文書の選定、全体の構成、加筆修正すべき箇所の指摘、それぞれの文章の題目（私が決めた元々の題目はほとんど残っていません）、そして本書のタイトルそのものに至るまで、彼女の超人的な作業と協力なしには、今回の出版はありえませんでした。

ちなみに、このあとがきの後半はあたかも東京大学出版会の『UP』誌への謝辞であるかのような印象を与えてしまいそうですが、言うまでもなくそれは完全な誤解です（きっぱり）。その証拠に、何よりも読者の皆さんに最大限の感謝を捧げて、本書のまとめとしたいと思います。

2024年1月21日

須藤　靖

初出一覧

序　今ここにある宇宙とぼくの起源について

「今ここにある宇宙とぼくの起源について：注文《ちゅうぶん》の多い雑文　その64」『ＵＰ』２０２３年12月号（東京大学出版会）

第1部

・人生で大切なことはすべて相対論から学んだ

「一般ニ相対論：注文の多い雑文　その６」『ＵＰ』２００９年３月号、『人生一般ニ相対論』（いずれも東京大学出版会）収載

・大学教授をめぐる三つの誤解

「大学教師をめぐる三つの誤解：注文の多い雑文　その12」『ＵＰ』２０１０年９月号（東京大学出版会）、『三日月とクロワッサン』（毎日新聞社）収載

・物理学者は所構わず数式を書きなぐるか？

「ガリレオ・ガリレオ：注文の多い雑文　その４」『ＵＰ』２００８年９月号、『人生一般ニ相対論』（いずれも東京大学出版会）収載

第2部

・この宇宙は偶然か、必然か――宇宙原理と人間原理
　「解き尽くせないから面白い――宇宙原理と人間原理」『MOKU』2013年11月号（MOKU出版株式会社）、『宇宙人の見る地球』（毎日新聞社）収載

・「宇宙は点から始まった」の真偽
　「0×無限大≠0：注文の多い雑文 その22」『UP』2013年3月号（東京大学出版会）、『宇宙人の見る地球』（毎日新聞社）収載

・アインシュタインと歴史のいたずら
　「アインシュタイン、エディントン、マンドル：注文の多い雑文 その33」『UP』2016年3月号（東京大学出版会）、『情けは宇宙のためならず』（毎日新聞出版）収載

・宇宙の5W1H――いつどこで誰が何をなぜどうやって
　「物理法則5W1H：注文の多い雑文 その57」『UP』2022年3月号（東京大学出版会）

第3部

・世界の退屈さをなくす「対称性の自発的破れ」
　「対称性の自発的破れ：注文の多い雑文 その20」『UP』2012年9月号（東京大学出版会）、『宇宙人の見る地球』（毎日新聞社）収載

・物理学者は世界をどう眺めているのか？
　「レレレのシュレーディンガー：注文の多い雑文 その5」『UP』2008年12月号、『人生一般ニ相対論』（いずれも東京大学出版会）収載

・人生に悩んだらモンティ・ホール問題に学べ
「人生に悩んだらモンティ・ホールに学べ：注文の多い雑文　その26」『UP』2014年3月号（東京大学出版会）、『情けは宇宙のためならず』（毎日新聞出版）収載
・日常から始める科学的思考法のレッスン
「『青木まりこ現象』にみる科学の方法論：注文の多い雑文　その32」『UP』2015年12月号（東京大学出版会）、『情けは宇宙のためならず』（毎日新聞出版）収載

第4部

・この宇宙のはるか先どこかに並行宇宙はあるのか？
「みんな大好き並行宇宙：注文の多い雑文　その39」『UP』2017年8月号（東京大学出版会）、『情けは宇宙のためならず』（毎日新聞出版）収載
・宇宙に思考が誕生する確率
「ボルツマン脳曰く『我思う、ゆえに世界あり』：注文の多い雑文　その60」『UP』2022年12月号（東京大学出版会）
・この私に自由意志があると信じる（信じたい）理由
「この私に自由意志があると信じる（信じたい）理由」『現代思想』2021年8月号（青土社）

須藤　靖 すとう・やすし
1958年高知県生まれ。東京大学大学院理学系研究科物理学専攻教授。東京大学理学部物理学科卒業、東京大学大学院理学系研究科物理学専攻博士課程修了（理学博士）。専門は宇宙物理学、特に宇宙論と太陽系外惑星の理論的および観測的研究。著書に、『ものの大きさ』『解析力学・量子論』『人生一般ニ相対論』（以上、東京大学出版会）、『不自然な宇宙』（講談社ブルーバックス）、『宇宙は数式でできている』（朝日新書）などがある。

朝日新書
949

宇宙《うちゅう》する頭脳《ずのう》

物理学者は世界をどう眺めているのか？

2024年3月30日第1刷発行

著　者　須藤　靖

発行者　宇都宮健太朗
カバーデザイン　アンスガー・フォルマー　田嶋佳子
印刷所　TOPPAN株式会社
発行所　朝日新聞出版
〒104-8011　東京都中央区築地5-3-2
電話　03-5541-8832（編集）
03-5540-7793（販売）

Published in Japan by Asahi Shimbun Publications Inc.
ISBN 978-4-02-295258-5
定価はカバーに表示してあります。

落丁・乱丁の場合は弊社業務部（電話03-5540-7800）へご連絡ください。
送料弊社負担にてお取り替えいたします。